KB092938

자동차정비 기능장을 준비하면서 가장 힘들어 하는 부분이 "필답형"이 아닐까 생각한다.

작업형의 경우 해당 시험장에서 사용되는 장비, 차량, 평상시 사용하는 공구의 사용방법, 답안지 작성방법 등을 익혀두면 나름 쉽게 시험을 치룰 수 있다고 본다.

그러나 필답형에서는 사실상 모범답안이라는 것은 딱히 없다. 더욱이 시중에 떠도는 책마다 같은 문제임에도 답이 다른 경우도 있는 등 최종 마지막 관문에서 고배를 마시는 경우가 흔하다.

필답형은 작업형처럼 문제가 정해져 있지 않다. 그렇다보니 막연히 기출문제를 독파한다고 해서 점수가 높게 나오지는 않는다. 결국 내가 공부한 부분에서 얼마나 많이 출제가 되었는가가 목표 점수를 받을 유일한 길이라고 생각했고 후배 응시자들에게 그 지름길을 안내하고자 함이다.

필자가 기능장 시험에 합격하고 나서 얻은 결론은 기출문제가 그다지 중요하지 않다는 것이다. 우리가 자동차를 정비하면서 내가 작업하는 분야 말고도 다양한 분야, 이를테면 엔진을 위주로 정비를 한다면 섀시장치나 도장, 판금, 검사 등의 분야는 낯설게 느껴질 수 있다.

어쩌면 내가 그것을 알 필요도 없으며, 해야 할 일이 아니다 라고 판단할지도 모른다. 소왈 "자동차정비기능장"이라고 하면 신기술 정비까지 아우르는 기능인의 최고봉이 되어야 하지 않을까..!

이 책의 집필 방향

(1) 지금까지 출제된 필답형의 문제 유형을 전체적인 맥락에서 분석하였다. '원리와 특징, 역할, 조건 및 상태, 설명, 점검방법, 원인, 계산문제, 안전' 등으로 크게 8개의 테마로 돌출할 수 있었다.

(2) 문제의 비율은 엔진(동력발생장치), 섀시와 전기장치가 약 70%를 차지하고, 판금과 도장이 약 25%, 검사와 안전 및 환경이 약 5%이다. 수검자가 선택과 집중을 한다고 해서 엔진, 섀시, 전기장치 위주로 학습하겠지만, 매회 출제 범위는 동일하지 않음을 인지하여야 한다.

(3) 기출문제를 따로 수록하지 않았다. 대신에 각 파트별로 나누어 집중할 수 있도록 그동안 나온 기출문제와 상식, 출제 예상 관련 문제의 키워드를 심플하게 담아냈다.

본 자격증을 취득하려면 현장 전문가이자 관리자로서의 면모는 자동차 전문가로서 폭넓은 이해와 끊임없는 기술의 이해가 필요하다.

부디 이 책을 잡고 "자동차정비기능장"의 고지를 반드시 쟁취하기를 고대한다.

끝으로 (주)골든벨에서도 기 출간된 문제집이 있음에도 불구하고 본 졸고를 흔쾌히 단기간에 출간해 준 대표이사님과 우병춘 본부장, 편집진 여러분에게 심심한 감사를 표한다.

2021. 7
지은이

contents

contents

contents

PART Ⅱ   **전기장치**

❶ 전기장치의 기능 및 특징

❷ 기동장치

❸ 점화장치

contents

PART Ⅲ 　　섀시

❶ 섀시의 구성 및 기능

❷ 동력전달장치

contents

contents

PART VI 　 도장

contents

PART VII 안전과 환경

부록

자동차정비 기능장

필답형

자동차공학

1. 내연기관 일반

01 열역학 제1법칙

열은 본질상 일과 같은 에너지의 일종이며, 열은 일로 변환할 수 있고 또한 그 역으로의 전환도 가능하다. 이때 열과 일 사이의 비율은 항상 일정하다. 즉, 열역학 제1법칙은 에너지 보존 법칙으로 일과 열 사이에 적용한 것이며, 이 법칙에 의하여 열역학의 기초가 확립된 것이다.

02 발열량

질량 1[kg]의 고체나 액체 연료 또는 1[m³]의 기체 연료가 완전히 연소했을 때 발생하는 열량을 [kcal]로 나타낸 것이며, 연료의 성능을 나타내는 가장 중요한 기준으로 발열량이 클수록 효율이 좋다.

03 평균유효압력

전체의 폭발압력이 피스톤에 작용하여 피스톤에서 행한 일과 같은 양의 일을 수행할 수 있는 압력이다. 즉, 1사이클 중 수행된 일을 행정체적으로 나눈 값이며, 평균유효압력을 높이기 위해서는 압축비 상승 및 흡입공기량을 증가시켜야 한다.

04 인화점과 발화점

① 인화점 : 연료를 넣고 가열하면 증기가 발생되어 공기와 혼합되며 이때 혼합기가 가열 한계 이내이면 불꽃에 의해 쉽게 인화되는 최저온도
② 발화점 : 연료의 온도가 상승하면 외부로부터 불꽃을 가까이 하지 않아도 자연히 발화되는 최저온도

05 착화점 · 연소점 · 응고점

① 착화점 : 연료가 고온이 되었을 때 외부에서 불을 가깝게 하지 않고도 자연적으로 자기 발화하는 성질. 경유는 착화온도가 350[℃] 전후로 가솔린보다 낮기 때문에 디젤 엔진에서는 실린더에서 공기를 400~500[℃]의 고온으로 압축한 후에 경유를 분사하여 연소시킨다.
② 연소점 : 연료에 불꽃을 가까 이하였을 때 인화된 후 연료에서 발생하는 불꽃이 지속적으로 연소할 때의 최저 온도로서 인화점보다 20~30[℃] 정도 높다.
③ 응고점 : 연료를 적당한 방법으로 냉각하면 점차로 응고하여 유동성을 잃기 시작하였을 때의 온도.

06 엔진 성능곡선에서 알 수 있는 것

① 축 토크
② 축 출력
③ 연료소비율

07 P-V선도에서 알 수 있는 것

① 일량
② 평균유효압력
③ 열효율

08 실린더 배열에 따른 엔진의 종류

① 직렬형 엔진
② V형 엔진
③ 방사형 엔진
④ 수평대향형 엔진
⑤ W형 엔진

직렬형 엔진

V형 엔진

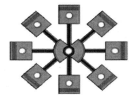

방사형 엔진

수평대향형 엔진

W형 엔진

09 플라이휠의 역할

플라이휠은 폭발행정에서 발생되는 중량에 의한 관성에너지를 저장하여 엔진의 맥동적인 회전을 균일하게 유지시키는 역할을 하며, 플라이휠의 무게는 엔진의 회전수 및 실린더 수가 많으면 가볍게 하고 적으면 무겁게 한다.

10 엔진 마운팅의 역할

① 엔진 진동 완화
② 엔진 진동 흡수
③ 엔진 중량지지

2. 실린더 헤드

01 내연기관 연소실 구비조건

① 충진효율이 높아야 한다.
② 혼합기 형성을 촉진하여야 한다.
③ 연소가스를 완전히 방출하는 구조이어야 한다.
④ 연소실이 조밀하여야 한다.
⑤ 연소실 표면적이 작아야 한다.

02 연소실 형상과 관계되는 것

① 화염전파 시간
② 노크
③ 체적효율
④ 기관출력
⑤ 열효율
⑥ 운전정숙성

03 연소실 설계 시 고려사항

① 압축행정에서 혼합기에 와류를 일으키게 할 것
② 엔진의 출력을 높일 수 있을 것
③ 연소실의 표면적은 최소가 되도록 할 것
④ 가열되기 쉬운 돌출부를 두지 말 것
⑤ 노킹을 일으키지 않는 형상일 것
⑥ 밸브 면적을 크게 하여 흡배기 작용이 원활하게 되도록 할 것
⑦ 열효율이 높으며 배기가스에 유해한 성분이 적을 것
⑧ 화염전파에 소요되는 시간을 가능한 짧게 할 것

04 연소실에 스쿼시 에어리어를 두는 이유

압축 시 혼합가스가 연소실의 모양에 따라 압축되면서 생기는 와류현상이며 특히 노즐 분사부분에 연료와 공기를 잘 혼합시켜 연소효율을 높이기 위해 설치한다.

05 경합금제 실린더 헤드의 장·단점

① 가볍다
② 열전도성이 크다
③ 연소실 온도를 낮추어 열점을 낮출 수 있다
④ 부식성 및 내구성이 적다
⑤ 변형이 발생하기 쉽다

06 실린더 헤드의 기계적 특성과 관련된 구비조건

① 열에 의한 변형이 적을 것
② 내압에 잘 견딜 수 있는 강성과 강도가 있을 것
③ 열전도가 좋고 주조나 가공이 쉬울 것

07 실린더 헤드 손상원인

① 엔진의 이상 연소에 의한 과열
② 냉각수 동결에 의한 수축
③ 헤드볼트의 조임 토크 불량

08 헤드 개스킷 구비조건

① 기밀유지 성능이 좋을 것
② 냉각수 및 윤활유가 새지 않을 것
③ 내열성과 내압성이 클 것
④ 적당한 강도, 복원성이 있을 것

09 실린더 헤드 고착에 따른 헤드 탈거 방법

① 고무(플라스틱) 해머를 사용하여 가볍게 충격을 가한다.
② 기관의 압축압력 또는 헤드 내부에 압축공기를 밀어 넣는다.
③ 호이스트 등을 이용하여 자중에 의해 탈거되도록 한다.

10 밸브 회전의 필요성

① 밸브 소손의 원인이 되는 카본제거
② 밸브의 회전에 의해 밸브 헤드의 온도가 균일해 진다.
③ 밸브스템과 가이드 사이의 카본에 의해 발생하는 밸브 고착 방지
④ 불규칙한 스프링 장력에 의한 밸브 면과 시트사이의 마멸 방지

11 밸브 오버랩의 목적

흡입 행정 시 흐름관성을 이용하여 체적효율을 증대시키고 배기 행정 시 배기 효율을 증대시켜 연소실을 냉각시킨다.

12 배기 말에 흡기밸브를 여는 이유

가능하면 많은 양의 공기를 흡입하기 위하여 배기밸브를 통하여 배출되는 연소가스의 배기관성을 이용하여 흡입효율을 높이기 위함.

13 압축 말에 배기밸브를 여는 이유

연소가스가 피스톤을 누르는 팽창력이 조금은 남아있을 때 배기밸브를 열게 되면 연소가스를 배출시키는 효율이 높기 때문임.

14 흡기밸브와 배기밸브 열림각과 오버랩 각도 (주어지는 각도는 달라질 수 있음)

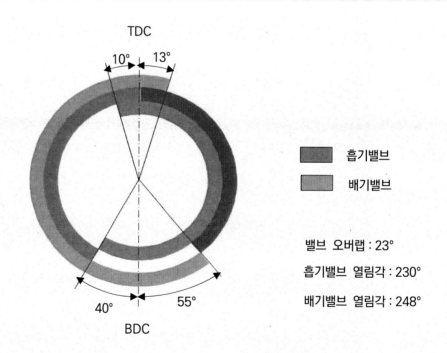

밸브 오버랩 : 23°

흡기밸브 열림각 : 230°

배기밸브 열림각 : 248°

15 밸브 간극이 클 때 기관에 미치는 영향

① 흡기밸브에서 실린더로 들어가는 공기가 적어 출력이 저하된다.

② 배기밸브에서 연소가스 배출이 불충분하여 기관이 과열된다.

③ 소음발생

16 흡배기 밸브 간극이 크거나 작을 시 기관에 미치는 영향

① 비정상적인 혼합비 형성
② 비정상적인 연소
③ 출력 저하
④ 엔진 과열
⑤ 소음 발생

17 밸브의 서징현상과 방지법

① **서징현상** : 캠에 의한 밸브의 개폐횟수가 밸브 스프링 고유진동과 같거나 또는 그 정수배가 될 때 밸브 스프링은 캠에 의한 강제 진동과 스프링 자체의 고유진동이 공진하여 캠에 의한 작동과 상관없이 작동하여 진동을 일으키는 현상.
② **방지대책**
  • 부등 피치의 스프링을 사용한다.
  • 고유 진동수가 다른 2중 스프링을 사용한다.
  • 원추형 스프링을 사용한다.

18 밸브 스프링의 종류

① 2중 스프링
② 부등 피치 스프링
③ 원추형(원뿔형) 스프링

19 밸브 스프링 점검방법

① **자유고** : 표준 값의 3[%] 이내일 것
② **장력** : 표준 값의 15[%] 이내일 것
③ **직각도** : 자유높이 100[mm]당 3[mm] 이내일 것
④ **접촉면** : 전체면적의 2/3 이상이 수평을 유지할 것

3. 엔진 블록

01 단행정 엔진의 특징

① 단위 실린더 체적 당 출력을 크게 할 수 있다.
② 직렬 형 기관의 경우 엔진의 높이가 낮아진다.
③ 흡기 및 배기 밸브의 지름을 크게 할 수 있어 체적 효율을 높일 수 있다.
④ 피스톤이 과열되기 쉽다.
⑤ 폭발압력이 커서 크랭크축 베어링의 폭이 넓어야 한다.
⑥ 실린더 안지름이 커서 기관의 전체 길이가 길어진다.

02 엔진을 분해하여 정비하고자 할 때의 판단기준

① 각 실린더의 압축압력 차이가 10[%] 이상 차이 날 때
② 압축압력이 규정 값보다 10[%] 이상 높을 때
③ 압축압력이 규정 값보다 70[%] 이하일 때
④ 표준 연료소비율이 60[%] 이상 소비될 때
⑤ 표준 윤활유의 소비량보다 50[%] 이상 소비될 때
⑥ 엔진의 사용시간 또는 주행거리가 많은 경우

03 실린더 라이너 내경이 마모되었을 때의 영향

① 압축압력 저하로 출력 및 열효율 감소
② 오일의 연소실 유입에 의한 불완전 연소
③ 오일 및 연료 소비량 증가
④ 블로바이 가스에 의한 오일 희석
⑤ 피스톤 슬랩 발생

04 기관의 압축비

행정체적과 연소실 체적의 비는 기관성능에 큰 영향을 미치며 피스톤이 실린더 하사점에 있을 때 실린더의 총 체적과 피스톤이 상사점에 있을 때의 연소실 체적(실린더 체적)과의 비를 압축비라 한다.

05 엔진의 압축압력을 측정할 때 준비사항

① 엔진을 시동하고 워밍업을 하여 엔진의 온도가 약 80~100[℃] 이내로 될 때까지 대기한다.
② 시동을 OFF하고 연료분사가 되지 않도록 연료펌프 퓨즈 또는 인젝터 퓨즈를 탈거한다.
③ 모든 점화플러그를 탈거하고 압축압력 게이지를 설치한다.
④ 배터리의 상태는 완충을 하여 압축압력을 측정하는 동안 배터리의 변화량이 급격하게 떨어지지 않도록 한다.
⑤ 스로틀밸브가 완전하게 열리도록 가속페달을 완전히 밟은 상태에서 크랭킹을 한다.

06 크랭크축 검사 방법의 종류

① 자기 탐상법
② 염색(형광) 탐상법
③ 방사선(X선) 투과법
④ 육안 탐상법
⑤ 타음 탐상법

07 크랭크축 엔드 플레이 과다 시 나타나는 현상

① 피스톤 측압 과다 발생
② 커넥팅로드의 변형
③ 크랭크축 리테이너 오일 실 파손
④ 크랭크축 메인베어링 손상
⑤ 진동 및 소음 발생
⑥ 클러치 디스크 조기 마모

08 6기통 엔진에서 4번 실린더가 폭발행정 초일 때 크랭크축 회전방향으로 180° 회전시키면 각 실린더의 행정은 어떻게 변하는가? 단, 엔진은 우수식이다.

① 우수식의 점화순서 : 1-5-3-6-2-4
② 각 실린더별 행정 변화 : 4번 실린더가 폭발행정 초에서 180° 회전되면 배기행정 초가 된다. 따라서 1(폭발 중) - 5(압축 말) - 3(압축 초) - 6(흡입 중) - 2(배기 말) - 4(배기 초)이다.

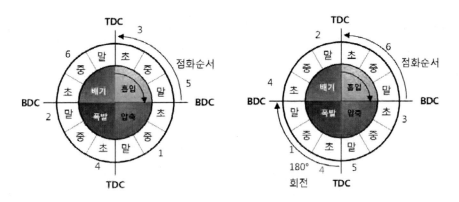

크랭크축의 회전각도 / 실린더 번호	1회전		2회전	
	0 ~ 180°	180 ~ 360°	360 ~ 540°	540 ~ 720°
1	폭발	배기	흡입	압축
2	배기	흡입	압축	폭발	배기
3	흡입	압축	폭발	배기
4	폭발	배기	흡입	압축
5	압축	폭발	배기	흡입	압축
6	흡입	압축	폭발	배기

4. 피스톤

01 피스톤 링의 기능과 종류, 형상

① 기능 : 기밀 유지 작용, 오일 제어 작용, 열전도 작용
② 종류
   • 압축링 : 카운터 보어형, 쳄버형, 플레인형
   • 오일링 : 드릴형, 슬롯형, U플렉스형
③ 형상 : 동심형, 편심형, 오일리스형

02 피스톤 링 구비조건

① 내마멸성과 내열성이 클 것.
② 열전도가 양호하고 고온에서 장력의 변화가 적을 것.
③ 장시간 사용에도 피스톤 링 자체나 실린더 벽 마모가 적을 것
④ 실린더 벽에 대하여 균일한 압력을 가할 것.
⑤ 실린더 벽보다 경도가 적어서 실린더 벽의 마멸이 적을 것.
⑥ 마찰저항이 적을 것.

03 피스톤링의 플러터 현상 방지법

① 피스톤링의 장력을 증가시켜 면압을 높게 한다.
② 피스톤링의 중량을 가볍게 하여 관성력을 감소시킨다.

04 피스톤(실린더) 간극이 크거나 작을 때의 영향

① 간극이 적을 때 : 실린더와 피스톤 사이의 고착 발생
② 간극 과대 시(실린더 마모 시 발생되는 현상)
  • 블로바이 가스 발생 및 압축압력 저하
  • 연소실에서 윤활유가 올라온다.
  • 피스톤 슬랩이 발생된다.
  • 윤활유가 연료로 희석된다.
  • 기관시동이 어렵다.
  • 기관출력이 저하된다.

05 엔진 과열 시 손상부위

① 헤드 개스킷 파손
② 실린더 헤드 균열, 변형
③ 밸브 가이드 실, 밸브 및 리테이너 등의 열화, 파손
④ 피스톤, 피스톤 링, 라이너 등의 소결
⑤ 커넥팅 로드 휨
⑥ 실린더 긁힘, 변형
⑦ 크랭크축 메인베어링 및 저널베어링 소착

5. 흡기장치

01 전자제어 엔진의 흡기계량방식

① 직접 계량방식
- 베인식
- 칼만 와류식
- 열선식(핫 와이어)
- 열막식(핫 필름)
② 간접 계량방식
- MAP 센서식

02 AFS 파형 분석

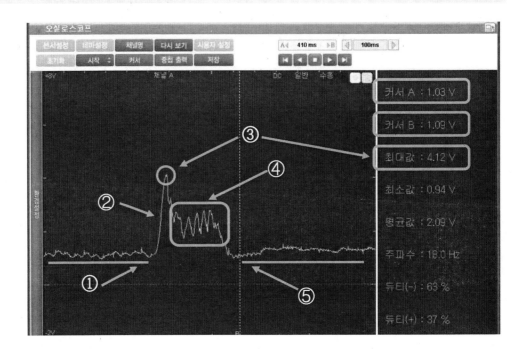

분석요령

① 공회전 구간으로 워밍업이 된 이후에 약 1±0.2[V] 정도 출력된다. 출력전압이 지나치게 낮은 경우 에어크리너의 막힘, 이물질, 센서 자체 불량, 출력전압이 지나치게 높은 경우 이종 센서, 센서 불량으로 볼 수 있다.

② 급가속 구간으로 엑셀페달을 순간적으로 끝까지 밟았다가 놓아야 한다. 이때 올라가는 구간이 급격하게 올라가야 정상이며, 패이면서 올라가는 경우 센서 불량 또는 이물질 여부를 확인한다.

③ 최대 전압으로 센서의 공급전원이 5[V]이며, 최대 출력전압은 최소 4[V] 이상 출력되어야 한다. 4[V] 이하로 출력되는 경우 엑셀페달이 끝까지 밟히지 않거나 센서 불량이다.

④ AFS의 특징(핫 필름, 핫 와이어 타입)으로 일정 크기의 깊은 굴곡이 있어야 하며, 굴곡이 없는 경우 AFS 불량 또는 엔진의 문제(밸브, 타이밍 등)이다.

⑤ 엑셀페달에서 발이 떨어져 공회전 구간으로 유지되는 구간으로 커서 B값이 공회전 전압 범위 내에 있어야 하고 이후 깊은 패임이 없어야 한다.

03 흡기 다기관 설계 시 요구조건

① 흡입 효율의 양호
② 혼합기의 균일화
③ 응답성 우수
④ 안정된 운전 성능을 얻을 수 있을 것

04 엔진에서 흡입 체적효율을 높이기 위한 방법

① 과급기(터보)를 설치하여 흡기 압력을 높인다.
② 흡기 매니폴드의 길이를 저속 회전에서는 길게 하고, 고속 회전에서는 짧게 하여 관성효과와 맥동효과를 이용한다.
③ 밸브의 직경과 리프트를 크게 하고 밸브 타이밍을 적정하게 한다.
④ 밸브의 수를 증가시키거나 흡기 매니폴드와 반경을 크게 하여 흡입되는 공기의 저항을 감소시킨다.
⑤ 인터쿨러 등을 사용하여 흡입되는 공기의 온도가 높지 않도록 한다.

05 **흡기다기관의 진공게이지를 이용한 진공시험으로 알 수 있는 것**

① 점화시기 틀림
② 밸브작동 불량
③ 실린더 압축압력 저하
④ 배기장치 막힘

06 **기관의 흡기 행정 시 실린더 내에 생성되는 와류 현상**

① 스월 : 흡입 시 생성되는 와류
② 스쿼시 : 압축상사점 부근에서 연소실 벽과 피스톤 윗면과의 압축에 의하여 생성되는 와류
③ 텀블 : 피스톤 하강 시 흡입되는 공기가 실린더 내에서 세로방향으로 강한 에너지를 가지며 생성되는 와류

07 **스텝모터의 스텝 수가 규정에 맞지 않는 원인**

① 공회전 속도 조정 불량
② 스로틀밸브 내 카본누적
③ 흡기 매니폴드 개스킷 누설
④ EGR밸브 시트 헐거움
⑤ 스텝모터 베어링 고착

08 TPS의 기능과 불량 시 증상 (TPS의 기능 및 고장 시 엔진에 나타나는 증상)

① 기능 : 스로틀밸브의 개도량을 검출하여 ECU로 입력하면 ECU는 엔진의 작동상태를 검출한다.

② 불량 시 증상
- 공회전 시 엔진부조현상이 있거나 주행 중 가속력 저하 및 출력 부족
- 연료소모 증대
- 공회전 또는 주행 중 시동 꺼짐
- 배기가스 배출 증가

09 MAP센서 불량 시 엔진에 미치는 영향

① 엔진 부조
② 시동꺼짐
③ 가속불량 및 출력 저하
④ 매연 증가 및 엔진 경고등 점등
⑤ 연료소비율 증가

10 MAP센서 파형분석

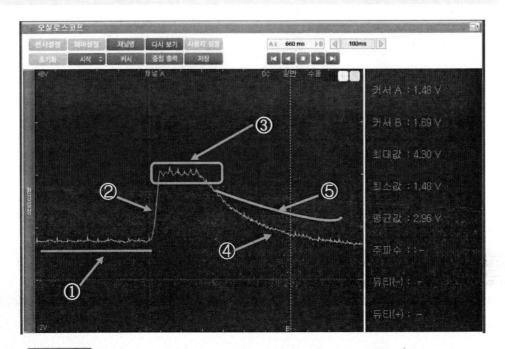

파형분석

① 공회전 구간으로 MAP센서는 일정한 굴곡 형태로 출력이 되며, 평균 전압은 약 1.2±0.2[V] 정도이다. 공회전 구간에서 굴곡(맥동)이 보이지 않고 미끈하게 출력되면 카본 누적, 센서 불량이다.

② 급가속 구간으로 엑셀페달을 순간적으로 끝까지 밟았다가 놓는다. 이때 급격하게 올라가야 하며, 중간에 패이는 부분이 생기면 센서 불량 또는 급가속을 잘 못한 경우이다.

③ MAP센서 최대 출력 값으로 최소 4[V] 이상 출력되어야 하고, 일정부분 굴곡 형태를 유지하여야 한다. 출력전압이 낮거나 굴곡이 일정한 형태가 아닌 깊게 패이거나 잘린 경우 센서 불량이다.

④ 급가속 이후에 공회전으로 유지되는 구간으로 ⑤번처럼 출력전압이 높고, 완만하게 떨어지는 경우 MAP센서 이후에서 공기의 누설이 있는 것으로 주로 개스킷 불량이 많은 편이다.

11 압전소자(피에조 소자)

압력을 받으면 기전력이 발생하고, 전기를 가하면 팽창 또는 수축을 일으키는 소자로 노크 센서, 맵 센서 등에 이용한다.

12 가변 흡기시스템의 원리와 특징

① 원리 : 각 실린더로 공급되는 흡기 다기관의 일부를 고속용과 저속용으로 각 각 분리하여 관의 직경 또는 길이를 부압이나 스텝모터를 이용하여 기관의 회전수에 맞게 변환하는 시스템.

② 특징
- 4밸브 기관에서 저속 성능 저하를 방지하고 저, 중속 토크 및 연비향상 에 도움을 준다.
- 고속영역에서 흡기관의 길이를 짧게 하여 공기를 빠르게 유입시킨다.
- 저속영역에서 흡기관의 길이를 길게 하여 공기를 느리게 유입시킨다.
- 공기유량을 가변적으로 조절하여 rpm에 관계없이 고른 출력을 낸다.

13 가변 흡기장치의 작동조건

① 저속영역에서 가늘고 긴 흡기관의 흡기맥동을 이용한다.
② 고속영역에서 굵고 짧은 흡기관의 흡입저항을 감소한다.
③ 시동 OFF시 가변 흡기밸브를 열었다 닫아주어 밸브 내의 이물질을 제거하고 밸브의 고착을 방지한다.

14 과급기

실린더 내의 공기를 과압하여 공급함으로써 엔진출력을 증대시키는 장치이며 공기의 속도에너지를 압력에너지로 바꾸어주는 부분을 디퓨저라 한다.

15 터보차저와 슈퍼차저

① 터보차저 : 배기가스의 압력을 이용하는 방식으로 가솔린 기관 또는 고속 디젤기관에 주로 사용된다.

② 슈퍼차저 : 기관의 출력을 이용하여 기계적으로 펌프를 구동시키는 방식으로 저, 중속 디젤기관에 사용된다.

16 터보 과급기의 장점(효과)

① 출력 증가 ② 연료소비율 향상
③ 착화지연기간 단축 ④ 고지대 일정 출력 유지
⑤ 저질 연료 사용가능 ⑥ 냉각손실 감소

17 터보차저 VGT의 점검 시 자기진단 센서 출력항목

① 엑셀포지션 센서
② VGT 액추에이터
③ 부스트 압력센서
④ 엔진회전수

18 터보차저의 A/R

터보차저의 (컴프레서/터빈하우징의 용적비율)이며 수치의 크고 작음으로 터보차저의 부스팅 특성을 파악한다.

19 2차 공기 공급장치

엔진이 워밍업되기 이전에는 농후한 혼합비가 요구된다. 이 기간에 일정량의 공기를 배기포트나 촉매 컨버터의 앞에 분사하여 촉매의 활성화 시간을 단축하고 CO와 HC를 현저하게 감소시키는 장치로서 2차 공기 조절밸브, 솔레노이드 밸브, ECU 등으로 구성된다.

6. 윤활장치

01 기관의 엔진오일에 첨가되는 첨가제의 성분

① 산화방지제
② 부식방지제
③ 청정분산제
④ 응력분산제
⑤ 유동점 강하제

02 엔진오일의 5가지 작용

① 윤활 작용
② 밀봉 작용
③ 냉각 작용
④ 응력분산 작용
⑤ 방청 작용

03 윤활유의 구비조건

① 온도에 따른 점도 변화가 적을 것(점도지수가 클 것)
② 인화점 및 발화점이 높을 것
③ 강인한 유막을 형성할 것
④ 카본 생성에 대한 저항력이 클 것
⑤ 응고점이 낮을 것

04 윤활방식의 분류 및 특징

① 비산식 : 커넥팅로드 대단부에 디퍼를 부착하고 크랭크축 회전 시 오일팬 내의 오일을 퍼 올려 뿌려주는 방식
② 전압송식 : 오일펌프로 오일을 흡입, 가압하여 각 윤활부로 공급하는 방식
③ 비산압송식 : 비산식과 압송식의 조합

05 내연기관의 유압이 낮아지는 원인

① 엔진과열로 인한 오일 점도가 낮아졌을 때
② 유압조절 밸브 스프링 소손 등 윤활장치의 성능 저하 시
③ 크랭크축 베어링의 현저한 마모
④ 오일펌프의 마모
⑤ 유압회로의 누유에 의한 윤활유 양 부족 시

06 기관의 유압이 높아지는 이유

① 기관온도가 낮아 윤활유의 점도가 높은 경우
② 유압조절 밸브 스프링의 장력과다
③ 윤활회로 일부 막힘(오일 여과기 등)

07 섬프와 배플

① **섬프** : 차량이 기울어졌을 때 엔진오일의 유동에 의한 공급불량을 방지하기 위하여 오일팬 하부에 움푹하게 패인 부분
② **배플** : 섬프와 윗부분 사이에 설치되는 칸막이로 오일의 유동을 차단하는 역할을 한다.

7. 냉각장치

01 냉각수 연수의 종류

① 빗물
② 증류수
③ 수돗물

02 부동액의 구비조건

① 비등점이 높아 물보다 높아야 하며 빙점(응고점)은 물보다 낮아야 한다.
② 물과 잘 혼합되어야 한다.
③ 휘발성이 없고 순환이 잘 되어야 한다.
④ 내 부식성이 크고 팽창계수가 적어야 한다.
⑤ 침전물이 없어야 한다.

03 부동액의 역할

① 냉각수의 응고점을 낮추어 엔진의 동파를 방지한다.
② 냉각수의 비등점을 높여 엔진의 과열을 방지한다.
③ 엔진 내부의 부식을 방지한다.

04 냉각장치에서 수온조절방식 중 입구제어 방식의 장단점

① 장점
- 온도 변화폭이 적다.
- 워밍업 중 기관 내의 냉각수 온도 분포가 균일하다.
- 바이패스 통로를 냉각수 입구 파이프로 공유할 수 있어 바이패스 통로를 없앨 수 있다.
- 냉각효과가 우수하다.

② 단점
- 서머스타트 하우징 구조가 복잡하다.
- 공동현상이 발생할 수 있다.
- 웜업 시간이 길다.
- 냉각수 교환 후 냉각수의 순환과 에어빼기가 곤란하다.

05 라디에이터 구비조건

① 단위 면적 당 발열량이 클 것
② 소형 경량으로 튼튼한 구조일 것
③ 공기의 흐름 저항이 적을 것
④ 냉각수의 흐름이 원활할 것

06 차량의 냉각수 규정량이 8L이고, 사용 중 주입된 냉각수량이 6.5L 일 때 라디에이터 코어 막힘률

$$계산식 = \frac{신품용량 - 구품용량}{신품용량} \times 100[\%]$$

$$코어 막힘률 = \frac{8 - 6.5}{8} \times 100[\%] = 18.7[\%]$$

07 라디에이터 관련으로 엔진과열 시 원인

① 코어 막힘(20[%] 이상)
② 라디에이터 파손에 의한 냉각수 누출
③ 압력식 캡 불량
④ 라디에이터 전면 이물질 부착 및 코어핀 손상
⑤ 오버플로 호스 막힘

08 엔진 과열 원인(냉각수가 과열되는 원인)

① 구동벨트의 장력 이완, 절손 또는 냉각팬 작동 불량
② 라디에이터 코어 막힘(20[%] 이상)
③ 서모스탯 불량(닫힘 고착)
④ 온도 센서 작동 불량
⑤ 헤드 개스킷 및 헤드 불량
⑥ 워터펌프 불량
⑦ 배기밸브 및 배기 매니폴드 막힘
⑧ 냉각수 및 윤활유의 부족

8. 연료장치

01 전자제어 엔진의 연료 컷 목적

① HC 감소
② 연료소비량 감소
③ 촉매과열 방지

02 서미스터 연료경고등의 연료상태에 따른 설명

① **연료량이 많을 때** : NTC 서미스터는 온도와 저항이 반비례하는 반도체로 연료가 많을 때는 주변의 온도가 낮아 센서의 저항이 증가하여 전류가 흐르지 못하여 램프가 소등된다.

② **연료량이 적을 때** : NTC 서미스터는 온도와 저항이 반비례하는 반도체로 연료가 적을 때는 주변의 온도가 높아 센서의 저항이 감소하여 전류가 흘러 램프가 점등된다.

03 연료압력 측정 순서

① 시동이 걸린 상태에서 인젝터 퓨즈 또는 연료펌프 퓨즈를 탈거하여 스스로 시동이 정지될 때까지 기다린다.

② 배터리 (-)단자를 탈거하고 연료공급 파이프의 호스를 분리하여 연료압력게이지를 장착한다.

③ 배터리 (-)단자를 장착하고 점화키를 ON하여 연료펌프를 구동시키고 연료의 누설여부를 점검한다.

④ 엔진의 시동을 걸고 공회전을 유지한다.

⑤ 연료압력을 판독한다.

04 전자제어 연료분사장치의 특징

① 연료소비 절감
② 유해배기가스 저감
③ 엔진 출력 향상
④ 저온 시동성 향상
⑤ 엔진 응답성 향상

05 연료압력조절기가 고장일 때 기관에 미치는 영향

① 장시간 정차 후에 기관 시동이 잘 안 된다.
② 기관을 짧은 시간 정지시킨 후 재시동이 잘 안 된다.
③ 연료소비율이 증가하고 CO 및 HC 배출이 증가한다.
④ 연소에 영향을 미친다.

06 연료압력조절기에 이상이 없음에도 불구하고 연료압력이 낮은 원인 (전자제어 연료분사장치에서 연료압력이 낮은 원인) (전자제어 가솔린 엔진에서 연료압력이 낮은 원인)

① 연료펌프 불량에 의한 공급압력 누설
② 연료량 부족
③ 필터 막힘
④ 연료 누유
⑤ 연료라인 베이퍼록 현상 발생

07 인젝터 고장 시 엔진에 미치는 영향(현상)

① 엔진 시동 불량
② 공회전 부조
③ 공회전 진동, 엔진 정지
④ 출력 저하
⑤ 연료소비량 증가, CO, HC 배출량 증가

08 전자제어식 인젝터 점검방법

① 코일저항 점검
② 니들밸브 고착상태 점검
③ 작동음 점검
④ 분사시간 점검
⑤ CO, HC 점검

09 인젝터 파형분석

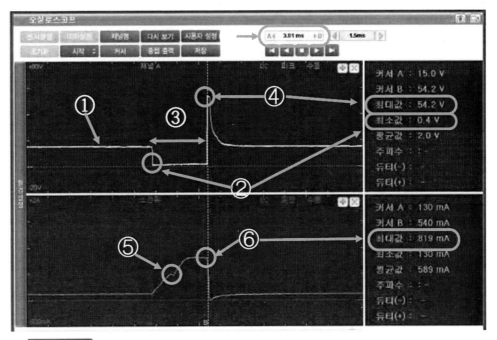

파형분석

① 배터리 공급전원으로 공급전원이 낮아지면 ③ 인젝터 분사시간이 길어지고
   ④ 피크전압이 낮아진다.
② 인젝터 제어용 TR 작동전압으로 저항이 많을수록 전압이 높게 측정된다.
③ 인젝터 분사시간으로 엔진 ECU에서 결정된 분사량에 따라 인젝터 제어용
   TR을 ON/OFF하여 분사량을 제어한다.

④ 피크전압(서지전압)으로 각 기통간 3[V] 이상 차이가 나면 인젝터 불량 또는 배선의 상태를 점검한다.

⑤ 인젝터의 전류파형 중 인젝터 니들밸브가 열리는 시점으로 나타나지 않을 경우 니들밸브의 고착 또는 불량 연료이다.

⑥ 인젝터의 전류파형으로 전류 최대값을 나타낸다.

9. 센서와 제어

01 엔진 회전수를 검출하는 센서

① 홀센서 타입
② 인덕티브 타입
③ 옵티컬(광학식) 타입

02 기본 분사량을 결정하는 가장 기본적인 센서

① AFS(흡입공기량 센서)
② CKP(크랭크각 센서)

03 공회전 시 아이들 업이 되는 경우

① 냉각팬, 콘덴서 팬 작동 시
② 파워스티어링 작동 시
③ 에어컨 스위치 ON시
④ 헤드라이트, 안개등 점등 시
⑤ 변속레버가 D레인지에 있을 때

04 엔진 열간 시 시동불능 원인

① 점화코일 열화
② 파워TR 열화
③ 연료부족 및 베이퍼록 현상 발생
④ ECU 접지 불량으로 인한 전압강하
⑤ 전기배선의 열화

05 크랭크각 센서 불량 시 고장현상

① 시동 불량
② 시동 꺼짐
③ 주행 중 간헐적 충격
④ 출발 또는 급제동 시 충격
⑤ 공회전 부조 및 출력저하
⑥ 연료분사시기 불량
⑦ 점화시기 불량
⑧ 흡입공기량 계측 불량

06 전자제어 엔진에서 크랭킹은 가능하나 시동불량 원인(단, 점화계통 이상 없음)

① 연료 불량(연료의 부족 또는 베이퍼록 현상 발생 포함)
② 크랭크각 센서, ECU 등의 연료분사 제어장치의 불량
③ 연료펌프, 필터 및 인젝터 등의 연료장치의 불량
④ 낮은 실린더 압축압력
⑤ 흡기 막힘

07 기관에서 노킹 검출방법

① 실린더 압력 측정
② 엔진블록의 진동 측정
③ 폭발의 연속음 측정

08 노킹을 확인하는 방법과 제어방법

① 노킹 확인방법 : 노크센서를 이용하여 진동을 감지해서 ECU로 전송한다.
② 제어방법 : 노킹 발생 시 점화시기를 지각시킨다.

09 노킹 현상 시 연소실의 증상

① 연소 최고 압력이 높아진다.
② 화염전파 속도가 빨라진다(300~2,500[m/sec])
③ 기관출력이 감소된다.
④ 기관과열로 피스톤, 실린더 벽, 밸브, 점화플러그 등이 손상된다.

10 노킹 음 중 와일드링과 럼블 및 파운딩

① 와일드링 : 노킹 음이 부정적이고 예리한 금속성 소음으로 점화시기를 지각
시켜 제어한다.
② 럼블, 파운딩 : 노킹 음이 굵고 낮은 600~1,200[Hz]의 음이며 노킹 음과 함
께 연소압력이 급격하게 상승된다.

11 노크발생 시 나타나는 증상

① 소음발생

② 엔진 과열

③ 배기소음의 불규칙

④ 출력 부족

⑤ 배기색의 변색

12 운전자가 쉽게 노킹을 알 수 있는 방법

① 까르륵거리는 소음

② 엔진 경고등 점등

③ 배기소음의 불규칙

④ 출력 부족

⑤ 엔진 과열

10. 배기장치

01 블로바이, 블로백, 블로다운

① 블로바이 : 압축(폭발)행정 시 피스톤과 실린더 사이에서 혼합가스가 누출되는 현상

② 블로백 : 밸브와 밸브시트 사이에서 가스가 누출되는 현상

③ 블로다운 : 배기행정 초기에 배기밸브가 열려 배기가스가 자체 압력에 의해 배출되는 현상

02 엔진시동 불량 또는 부조발생 시 배출가스 제어장치의 고장원인

① PCV 불량 및 연결 호스 불량
② PCSV 불량 및 연결 호스 불량
③ EGR 밸브 불량 및 연결 호스 불량
④ 삼원촉매 불량
⑤ 산소센서 불량
⑥ 서모밸브 및 진공호스 불량

03 PCV 호스에 균열발생 시 엔진에 미치는 영향

① 공회전 부조
② 엔진 정지
③ rpm이 높거나 낮아짐
④ 출력부족
⑤ 유해배출가스 증가

04 PCV 밸브의 막힘, 호스 막힘으로 인해 발생되는 현상

① 공회전 부조
② 출력 저하
③ 엔진 정지
④ 엔진오일 소모량 증가
⑤ 내부압력 과도한 증가로 오일 실 이탈

05 **배기계통에 배압이 높아질 경우 나타날 수 있는 증상 2가지**

① 기관의 과열
② 출력 저하

06 **EGR 쿨러의 효과**

① 재순환되는 배기가스의 흡기유입 온도 저감
② 흡기온도 저하 및 흡입 공기량 증대
③ 질소산화물과 매연 저감 효과

07 **EGR 밸브**

EGR밸브는 연소 시 생성억제나 후처리 모두 관련이 있으며 배출되는 배기가스의 일부를 흡기로 재순환시켜 신기와 혼합하여 연소온도를 저하시키므로 소산화물을 감소시키는 장치이다. 연소 그 자체를 변화시킨다는 점에서 연소 시의 생성억제라고 하지만 배출가스를 재순환한다는 점에서 후처리라 할 수 있다. EGR 장치를 사용함으로써 연비가 좋아지는 이유는 동일한 회전력을 발생하기 위하여 배출가스의 도입만큼 흡기를 위한 스로틀링 손실과 펌핑손실이 줄어들기 때문이다.

$$EGR율 = \frac{EGR \text{ 가스량}}{EGR \text{ 가스량} + 흡입공기량}$$

08 EGR 밸브의 점검순서 및 방법

① 실차 상태
- 엔진을 워밍업한 후 시동을 끄고 진공호스를 탈거한다.
- 스로틀 보디에 진공펌프를 설치하고 탈거한 진공호스를 막는다.
- 엔진의 냉간 시와 열간 시를 각각 점검한다.
- 차량은 공회전 상태로 하여 냉간 시 진공이 해제되어야 한다.
- 열간 시 진공 유지(약 0.07[kg/cm^2] 이내(차종에 따라 상이)할 것.

② 단품 상태
- 다이어프램의 고착상태 및 카본 누적 여부를 점검한다.
- 수동 진공펌프를 EGR 밸브에 연결하여 진공을 가하여 진공 유지 여부를 점검한다.
- EGR 밸브 통로에 공기를 가압하면서 진공도를 점검한다.

09 EGR밸브의 기능과 작동금지 조건

① 기능 : 배기가스의 일부를 실린더로 재 유입시켜 NOx의 배출량을 감소시킨다.
② 작동금지 조건
- 엔진 냉간 시
- 공회전 시
- 급가속 시

10 지르코니아와 티타니아 산소센서 비교

항목	지르코니아	티타니아
원리	이온 전도성	전자 전도성
출력	기전력 변화	저항 값 변화
감지	지르코니아 표면	티타니아 내부
내구성	불리	유리
응답성	불리	유리
가격	유리	불리
특징	배기가스와 표준가스 분리	배기가스 중 소자 삽입
공연비	조정용이	조정이 어렵다
농후	1[V] 가까이	0[V] 가까이
희박	0[V] 가까이	5[V] 가까이

11 산소센서가 피드백하지 않는 조건 (전자제어 엔진의 공연비 피드백 제어가 해제되는 경우)

① 시동 시 냉각수온이 낮은 경우

② 희박 또는 농후 시간이 일정시간 이상 지속 시

③ 급가속 시 및 고부하 시

④ 급감속 시

⑤ 산소센서 불량 등 관련 고장 경고등 점등 시

12 지르코니아 산소 센서의 기능과 점검 시 주의사항

① 기능

배기가스 중의 산소농도를 대기 중의 산소와 비교하여 농도차이가 크면
1[V]에 가까운 전압을, 농도차이가 작으면 0[V]에 가까운 전압이 출력된
다. 산소센서는 ECU의 입장에서 입력과 출력요소를 동시에 갖고 있으며,
ECU는 산소센서의 출력 값에 의한 공연비 피드백 제어를 한다.

② 점검 시 주의사항

- 엔진 정상 작동온도(배기가스 300[℃] 이상)에서 점검한다.
- 출력전압 쇼트 금지
- 출력전압 점검 시 아날로그 테스터 사용금지
- 내부저항 측정금지

13 산소 센서 결함 시 엔진에 미치는 영향

① CO, HC의 배출량 증가
② 연료소비량 증가
③ 공회전 시 부조(엔진 rpm 불안정)
④ 주행 중 출력부족(가속성능 저하)
⑤ 주행 중 엔진 정지

14 급가속 시 TPS와 산소센서를 동시 파형으로 분석하는 방법(지르코니아)

① 산소센서 출력전압이 200[mV]에서 600[mV]까지 상승하는 시간이
100[ms] 이내이어야 한다. 100[ms] 이상 걸리면 연료가 적게 분사되고
있으므로 연료장치에 대한 점검을 한다.

② 산소센서 출력전압이 600[mV]에서 200[mV]까지 하강하는 시간이 300[ms] 이내이어야 한다. 300[ms] 이상 걸리면 연료가 농후하게 분사되거나, 인젝터 후적 여부를 점검한다.

③ TPS출력 값이 최대값(WOT 시)에서 산소센서의 응답성을 점검하여 이때 산소센서의 상승 값 200[mV] 시점까지의 시간이 200[ms] 이내이어야 한다. 200[ms] 이상 걸리면 연료부족에 따른 점검을 한다.

15 지르코니아 산소센서와 인젝터를 오실로스코프로 검출하였을 때 다음의 질문에 대한 답을 작성하시오.

Q1 산소센서는 혼합비가 농후할 때 출력전압은 어떻게 변하는가?

↦ 1[V]에 가깝게 출력된다.

Q2 혼합비가 농후할 때 인젝터의 작동시간은 어떻게 변하는가?

↦ 작동시간을 감소시킨다.

Q2 산소센서는 혼합비가 희박할 때 출력전압은 어떻게 변하는가?

↦ 0[V] 가까이 출력된다.

Q4 혼합비가 희박할 때 인젝터의 작동시간은 어떻게 변하는가?

↦ 작동시간을 증가시킨다.

16 엔진의 온도와 가감속에 따른 CO, HC, NOx 증감조건

① 엔진저온 시 : CO 증가, HC 증가, NOx 감소
② 엔진고온 시 : CO 감소, HC 감소, NOx 증가
③ 엔진감속 시 : CO 증가, HC 증가, NOx 감소
④ 엔진가속 시 : CO 증가, HC 증가, NOx 증가

17 배출가스 유해물질과 발생요인 및 저감대책

① 유해물질 : CO, HC, NOx, 납산화물, 매연
② 발생요인
- 연료의 완전 연소 시 : CO_2, H_2O, N_2, O_2
- 산소부족에 의한 불완전 연소 시 : CO
- 낮은 연소 온도에 의한 미연소 연료의 배출, 블로바이 가스 및 증발가스에 의한 발생 : HC
- 미연소 연료의 분해 생성물 : 매연
- 고온의 연소실에서 공기 중의 산소와 질소의 화학반응 : NOx
- 연료첨가물의 연료생성물 : 납산화물, SO_2
③ 저감대책
- CO : 산소센서 및 3원 촉매장치에 의한 저감
- HC : 산소센서 및 3원 촉매장치에 의한 저감과 PCSV를 통한 블로바이 가스 저감, 캐니스터 포집에 의한 저감
- NOx : EGR 밸브 및 3원 촉매장치에 의한 저감

18 배출가스 중 유해물질 저감장치

① 증발가스 제어장치
② 블로바이 가스 환원장치
③ 배출가스 재순환장치
④ 촉매 컨버터 장치
⑤ 점화시기 제어장치
⑥ 공연비 제어장치
⑦ 2차 공기 분사장치

19 배출가스 제어장치 설명

① 크랭크케이스 배출가스 제어장치

블로바이 가스가 대기로 방출되지 못하도록 방지하는 장치로 로커 커버에 장착된 PCV 밸브를 통해 흡기 매니폴드에 흡입하여 재 연소시킨다.

② 증발가스 제어장치

연료탱크에서 발생된 증발가스가 대기로 방출되지 못하도록 방지하는 장치로 캐니스터에 포집하여 엔진의 운전 조건에 따라 PCSV 밸브를 제어하여 흡기 매니폴드를 통해 연소실에서 연소시킨다.

③ 배기가스 제어장치

배기가스 제어장치는 공기와 연료의 혼합비 조절장치(MPI 시스템), 3원 촉매장치로 적정한 조건에서 반응물질(Pt, Rh, Pd) 등을 통하여 산화 및 환원반응을 일으켜 배기가스 중의 유해물질인 CO를 CO_2로, HC를 H_2O와 CO_2로 산화시키고 NOx를 N_2와 O_2로 환원시킨다.

또한 EGR 장치는 연소 후 배출되는 배기가스 중의 질소산화물을 감소시키기 위해 배기 다기관에서 흡기 다기관 쪽으로 재순환시켜 가능한 출력이 감소되지 않는 범위 내에서 최고 연소온도를 낮추어 NOx의 배출량을 감소시키는 장치이다.

20 3원 촉매장치의 화학반응식

① CO(산화작용) $CO + \dfrac{1}{2}O_2 = CO_2$

② HC(산화작용) $mHC + \dfrac{5}{4}O_2 = H_2O + mCO_2$

③ NO(환원작용) $NO + CO \rightarrow CO_2 + \dfrac{1}{2}N_2$ 또는 $NO + H_2 \rightarrow H_2O + \dfrac{1}{2}N_2$

21 3원 촉매장치의 고장발생 원인(손상 원인)

① 엔진 실화발생 시
② 엔진오일의 유입에 의한 연소 시
③ 이상 연소에 의한 엔진온도의 급격한 상승 시
④ 농후한 혼합비가 연속적으로 발생 시
⑤ 충격을 받았을 때
⑥ 유연 휘발유를 사용할 때

22 3원 촉매장치의 촉매부분이 붉게 가열되는 근본적인 원인

① 실화 등에 의해 발생하는 고온에 의한 열적 열화
② 연료의 연소 후 발생하는 연소가스 내의 유해성분에 의한 화학적 열화

23 배기가스의 색깔에 따른 연소상태

① 무색 : 정상적인 연소
② 백색 : 냉각수 혼입 연소
③ 흑색 : 농후한 혼합비에 의한 불완전한 연소
④ 푸른 회색(청연) : 엔진오일 연소

24 인체에 유해한 자동차의 배출가스를 줄이는 방식 3가지

① 촉매 컨버터 방식
② 성층 급기 연소 방식
③ 서머 리액터 방식

11. 기관공학

01 오토사이클(정적 사이클)의 열효율

혼합기의 연소가 일정한 체적 하에서 발생하며, 2개의 정적 변화와 2개의 단열 변화로 이루어지는 사이클로 가솔린 엔진과 LPG 엔진에 기본 사이클로 구성된다.

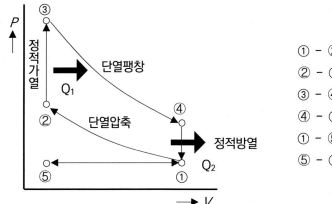

① - ② 단열압축 PV
② - ③ 폭발(Q₁ 공급)
③ - ④ 단열팽창
④ - ① 배기(Q₂ 방출)
① - ⑤ 배기 행정
⑤ - ① 흡기 행정

①－②의 과정은 ⑤－①의 흡기 행정을 통하여 실린더로 흡입된 공기를 단열압축하는 압축행정으로 점화에 의해 폭발이 되면 ②－③에서 일정한 체적 하에 열량 Q_1을 공급받고 온도와 압력이 상승하게 된다. 이를 정적가열이라 한다.

③－④는 단열팽창으로 폭발에 의해 피스톤을 강력하게 밀어 내리는 작용으로 플라이휠에 에너지를 저장하는 과정이다.

④－①은 정적방열 구간으로 열량 Q_2를 방출하는 단계로 배기 밸브가 열리기 시작하는 배기행정 초기구간이다.

①－⑤ 구간은 배기행정으로 폭발에 의한 동력을 얻은 후의 연소된 가스를 방출하는 구간이다. 이때 정적가열에 의해 공급받은 Q_1과 정적방열된 Q_2의 열량

이 일로 변화되는 것을 오토사이클의 열효율이라 한다. 이를 식으로 나타내면 다음과 같다.

$$\eta_{th} = \frac{Q_1 - Q_2}{Q_1} = 1 - \frac{Q_2}{Q_1}$$

공급받은 열량 Q_1은 아래의 그림에서 온도 $T_3 - T_2$가 되고 방출된 열량 Q_2는 $T_4 - T_1$이 된다.

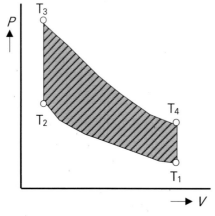

좌측 그림에서 $T_1 = 90[℃]$, $T_2 = 300[℃]$, $T_3 = 900[℃]$, $T_4 = 500[℃]$라 할 때의 열효율은 다음과 같다.

$$\eta_{th} = 1 - \frac{500 - 90}{900 - 300} = 0.3166..$$

$$0.3166 \times 100 = 31.66..$$

$$\therefore \text{약 } 32[\%]$$

열효율 $\eta_o = 1 - (\frac{1}{\varepsilon})^{k-1}$

$$= 1 - \frac{1}{\varepsilon^{k-1}}$$

여기서, ε : 압축비, k : 비열비$(k = 1.4)$

식의 이해

식 $1 - (\frac{1}{\varepsilon})^{k-1}$ 에서 괄호(   )를 없애기 위해 $\frac{1}{\varepsilon^{k-1}}$ 식처럼 분모인 ε(압축비)에 $k - 1$(비열비-1) 제곱을 적용한다. k(비열비)는 일반적인 상수로서 대개 1.4로 주어지나, 1.3으로 주어지는 경우도 있으며 그 밖의 경우도 있다.

1
압축비 12인 오토사이클의 이론 열효율[%]은? 단, 비열비 k=1.40이다.

풀이

열효율 $\eta = 1 - \dfrac{1}{\varepsilon^{k-1}} = 1 - \dfrac{1}{12^{0.4}} \times 100 = 62.98\%$

 2
오토사이클 기관의 실린더 간극 체적이 행정체적의 15[%]일 때, 기관의 이론 열효율[%]은? 단, 비열비 k=1.40이다.

풀이 이론 열효율을 구하기 전에 압축비를 구해야 한다.

- 압축비 $\varepsilon = \dfrac{\text{행정체적}}{\text{연소실 체적}} = 1 + \dfrac{100}{15} = 7.67$

- 열효율 $\eta = 1 - \dfrac{1}{\varepsilon^{k-1}} = 1 - \dfrac{1}{7.67^{0.4}} \times 100 = 55.74[\%]$

02 배기량

엔진의 한 실린더에서 배기되는 공기의 양으로 행정체적(stroke volume)이라고도 하며, 피스톤의 단면적과 행정의 곱으로 나타낸다.

행정체적 $V_s = \frac{\pi}{4}D^2L$ [cc, cm^3]

여기서, V_s : 행정체적 [cc, cm^3], D : 내경[cm], L : 행정[cm]

식의 이해

실린더를 하나의 원기둥으로 보면 이는 원기둥에 대한 면적과도 같다. 원기둥에서 원에 대한 면적은 $\frac{\pi}{4}D^2$이며, 이는 여기에 기둥 높이를 곱하면 원기둥의 면적이 된다. 또한 $\frac{\pi}{4}$에서 $\pi = 3.14$로 하여 계산하면 0.785이다.

따라서 $0.785 \times D^2 \times L$을 계산하면 해당 실린더의 배기량이 된다.

문제

실린더 내경이 10[cm], 행정 8[cm]인 1기통 엔진의 배기량[cc]은?

풀이 실린더 면적 A값에 행정 L을 곱하면

$$Vs = \frac{\pi}{4}D^2 \times L, \ 0.785 \times 10^2 \times 8 = 628[cc]$$

문제

실린더 내경이 100[mm]의 정방형 엔진의 행정 체적[cm³]은?

풀이 정방형의 엔진은 내경이 100[mm]이면 행정 또한 100[mm]이다.

$$Vs = \frac{\pi}{4}D^2 \times L, \ 0.785 \times 10^2 \times 10 = 785[cm^3]$$

문제 3

연소실 체적이 40[cc], 압축비 9:1인 기간의 행정 체적[cc]은?

풀이 행정 체적을 구하는 것으로 주어진 것이 연소실의 체적과
압축비이므로 행정 체적[V_s] = (압축비−1)×연소실 체적이다.

$$Vs = (9-1) \times 40 = 320[cc], \ 0.785 \times 10^2 \times 10 = 785[cm^3]$$

 문제 4

**실린더의 안지름이 100[mm], 피스톤 행정이 130[mm],
압축비가 21인 기관의 연소실 용적[cc]은?**

풀이 연소실 체적을 구하는 것으로 배기량을 구하면

$$Vs = \frac{\pi}{4} D^2 \times L = 1,020.5[cc]$$

압축비를 구하는 식에 의해 $21 = 1 + \dfrac{1,020.5}{x}$

연소실의 용적 Vc는 식 $Vc = \dfrac{1,020.5}{(21-1)} = 51.025[cc]$

---

03 총배기량

하나의 실린더 배기량에 기관 전체의 실린더 수(Z)를 곱하면 총배기량이 된다.

$$총배기량 \ V = \frac{\pi}{4} D^2 LN \ [cc, \ cm^3]$$

식의 이해

앞의 식의 이해에서 보았듯이 $\dfrac{\pi}{4}$는 0.785이다.

따라서 $0.785 \times D^2 \times L \times N$을 계산하면 해당 기관의 총배기량이 된다.

04 압축비

압축비(compression ratio)는 피스톤이 하사점에 있을 때의 실린더 체적(stroke volume)과 상사점에 있을 때의 연소실의 체적(clearance volume)과의 비로 연소실 체적(간극 체적)과 실린더 체적(행정 체적)을 더한 값을 연소실 체적(간극 체적)으로 나눈 값을 말한다.

- 실린더 체적 = 행정 체적, 연소실 체적 = 간극 체적

- 압축비 $\varepsilon = \dfrac{V_c + V_s}{V_c} = 1 + \dfrac{V_s}{V_c}$

- 실린더 체적 $Vs = Vc(\varepsilon - 1)$

- 연소실 체적 $Vc = \dfrac{V_s}{\varepsilon - 1}$

   여기서, ε : 압축비, V_s : 행정 체적[cc], V_c : 간극 체적[cc]

기관의 배기량 1,600[cc]인 4행정 엔진의 총 연소실 체적이 200[CC]일 때 압축비는?

풀이 배기량이 1,600[cc], 연소실 체적이 200[cc]이므로

압축비 $\varepsilon = \dfrac{V_c + V_s}{V_c} = 1 + \dfrac{V_s}{V_c} = 1 + \dfrac{1,600}{200} = 9$

따라서, 압축비는 9:1이다.

2

실린더 내경이 50[mm], 행정이 100[mm]인 4실린더 기관의 압축비가 12일 때 연소실 체적[cc]은?

풀이 연소실의 체적을 묻는 문제이므로 압축비 공식에서

압축비 $\varepsilon = 1 + \dfrac{V_s}{V_c}$ 에서 문제를 대입하면,

$$12 = 1 + \frac{\dfrac{\pi}{4} 5^2 \times 10}{x}$$ 이 되고,

연소실 체적 $V_c = \dfrac{196.25}{(12-1)} = 17.84$ [cc]

 3

실린더 내경이 80[mm], 행정이 80[mm]인 4실린더 기관의 압축비가 9일 때 총 연소실 체적[cc]은?

풀이 2번 문제에 총 실린더 수를 곱하면 되는 문제이다.

압축비 $\varepsilon = 1 + \dfrac{V_s}{V_c}$ 에서 문제를 대입하면

$$9 = 1 + \frac{\dfrac{\pi}{4} 8^2 \times 8}{x}$$ 이 되고,

연소실 체적 $V_c = \dfrac{196.25}{(12-1)} = 50.24 \times 4실린더 = 200.96$[cc]

 4

연소실 체적 40[cc], 총 배기량 1,280[cc]인 4기통 기관의 압축비는?

풀이 총 배기량 1,280[cc] / 4기통 = 실린더 당 행정체적 320[cc]

압축비 $\varepsilon = 1 + \dfrac{V_s}{V_c} = 1 + \dfrac{320}{40} = 9$

05 마력

일의 양을 시간으로 나눈 값으로 1초간 75[kgf·m]의 일을 할 때 1[PS]라고 함.

- 1[PS] : 75[kgf·m/s] = 0.736[kW] = 632[kcal/h](국제 마력)

- 1[kW] = 102[kgf·m/s] = 860[kcal/h], 100[kW] = 133.3[HP]

- 동력 : 일/시간 = 힘×거리/시간 = 힘×속도[kg·m/sec]

01 지시(도시)마력(IHP : Indicated Horse Power)

① 실린더 내에서 일어나는 연소 압력으로부터 직접 측정한 마력으로 압력과 피스톤 운동에 따른 체적의 변화 관계를 지압계로 측정하여 지압선도에서 계산한 마력

② 엔진 실린더 내부에서 실제로 발생한 마력으로 혼합기가 연소 시 발생하는 폭발압력을 측정한 마력

③ 실린더에서 연료가 연소하면서 발생된 이론적인 기관의 출력

④ 연소실의 폭발압력과 체적변화로 나타낸 마력

$$IHP = \frac{P \times A \times L \times R \times N}{75 \times 60} \text{[PS] 단, } L(\text{행정})\text{의 단위가 [m]인 경우}$$

$$IHP = \frac{P \times A \times L \times R \times N}{75 \times 60 \times 100} \text{[PS] 단, } L(\text{행정})\text{의 단위가 [cm] 또는 [mm]인 경우}$$

여기서, P : 지시 평균 유효압력[kgf/cm^2]

A : 실린더 단면적[cm^2] $= \frac{\pi}{4}D^2 L$

L : 행정[cm]

R : 엔진회전수[rpm], 4사이클 : R/2, 2사이클 : R

N : 실린더 수

75 : 1[PS] = 75[kgf·m/s]

60 : 1분 = 60초

1

총 배기량 1,400[cc]의 4행정 엔진이 2,000[rpm]으로 회전하고 있으며, 도시평균유효압력 10[kgf/cm²]이다. 도시마력은 몇[PS]인가?

풀이 배기량이 1,400[cc]로 주어졌으므로 A×L×N의 값이 1,400이다.

4행정이므로 rpm/2를 하면 다음과 같다.

$$IHP = \frac{P \times V \times R}{75 \times 60 \times 100}$$

$$IHP = \frac{10 \times 1,400 \times \dfrac{2,000}{2}}{75 \times 60 \times 100} = 31.11[PS]$$

 2

도시평균유효압력 10[kgf/cm²], 실린더 내경 100[mm], 행정 120[mm]인 단기통 2행정 엔진이 2,400[rpm]으로 회전하고 있을 때의 지시마력은 몇 [PS]인가?

풀이 평균유효압력: 10[kgf/cm²] 실린더 내경이 100[mm]이므로

10[cm], 행정은 120[mm]이므로 12[cm], N : 2,400[rpm]

단, 식에서 A값을 알아야 하므로 $\frac{\pi}{4} \times D^2$으로 계산하여 대입한다.

$$IHP = \frac{P \times A \times L \times R}{75 \times 60 \times 100}$$

$$IHP = \frac{10 \times \dfrac{\pi}{4} 10^2 \times 12 \times 2,400}{75 \times 60 \times 100} = 50.24[PS]$$

문제 3

지시평균유효압력 7.5[kgf/cm²], 행정체적 200[cc]의 4행정 4기통 엔진이 2,000[rpm]으로 회전하고 있을 때의 지시마력은 몇 [PS]인가?

풀이 $P : 7.5[\text{kgf/cm}^2],\ V : 200[\text{cc}],\ N : 2,000[\text{rpm}/2]$

$$IHP = \frac{P \times V \times R \times N}{75 \times 60 \times 100}$$

$$IHP = \frac{7.5 \times 200 \times \dfrac{2,000}{2} \times 4}{75 \times 60 \times 100} = 13.3[\text{PS}]$$

02 제동(축·정미·순·유효) 마력(BHP : Brake Horse Power)

연소열 에너지 중에서 일로 변환된 에너지 중 동력 손실을 제외하고 실제 크랭크축에서 얻을 수 있는 동력.

$$BHP = \eta \times IPS = \frac{2\pi \text{P}rN}{75 \times 60} = \frac{2\pi TN}{75 \times 60} = \frac{\text{P}rN}{716} = \frac{TN}{716}$$

여기서, η : 기계효율[%]

T : 회전력[m·kgf]

N : 엔진회전수[rpm]

P : 실린더내의 전압력[kgf]

r : 크랭크 암의 회전반경[m]

상기 식 $BHP = \dfrac{2\pi TN}{75 \times 60}$이 $\dfrac{TN}{716}$ 변환된 과정

식에서 단위 처리를 위하여 분모인 75×60과 분자인 2π를 역으로 계산하면 75×60/2π = 716.19가 나오며 소수점을 절사하여 716이 된다. 이 716을 분모로 하여 TN으로 나눈다.

1

기관이 1,500[rpm]에서 20[m·kgf]의 회전력을 낼 때 기관 출력은
41.87[PS]이다. 기관 출력을 일정하게 하고 회전수를 2,500[rpm]으
로 하였을 때의 회전력[kgf·m]은?

풀이 이 문제는 제동마력에서 T를 도출해야 한다.

따라서, $BHP = \dfrac{N \times T}{716}$ 에서

$$T = \frac{PS \times 716}{N} = \frac{41.87 \times 716}{2,500} = 11.99[\text{kgf·m}]$$

 2

3,000[rpm]으로 회전하는 4행정 사이클 기관의 마력이 150[PS]일
때 축의 토크[N·m]는?

풀이 이 문제는 [kgf·m]를 [N·m]로 환산하여야 한다.

$$BHP = \frac{N \times T}{716}$$ 에서,

$$T = \frac{PS \times 716}{N} = \frac{150 \times 716 \times 9.8}{3,000} = 350.84[\text{N·m}]$$

 3

기관의 회전력이 71.6[kgf·m]에서 200[PS]의 축 출력을 냈다면 이
기관의 회전속도[rpm]은 얼마인가?

풀이 문제의 유형을 보면 축의 출력이 나와 있으므로 제동마력 계산식을
가지고 와야 하며, 계산식에서 [rpm]을 산출할 수 있는 식을 도출
해야 한다.

$$N = \frac{716 \times PS}{T} = \frac{716 \times 200}{71.6} = 2,000[\text{rpm}]$$

문제 **4**

2행정 4실린더 기관의 실린더 내경 78[mm], 행정 80[mm], 회전수 2,500[rpm]일 때 축의 토크[kg·m]는? 단, 도시평균유효압력 10[kg/cm², 기계 효율 85[%]이다.

풀이 축의 마력을 구하기 위해서는 우선 지시마력을 구하여야 한다.

$$IHP = \frac{P \times A \times L \times R \times N}{75 \times 60 \times 100}[PS]$$

$$= \frac{10 \times \frac{\pi}{4} 7.8^2 \times 8 \times 2,500 \times 4}{75 \times 60 \times 100} = 84.90[PS]$$

축의 토크를 구하기 위해서는 제동마력을 구해야 한다.

제동마력 BPS = IPS × η = 84.90 × 0.85 = 72.16[PS]

$$BPS = \frac{RT}{716}$$ 에서,

$$T = \frac{BPS \times 716}{R} = \frac{72.16 \times 716}{2,500} = 20.66[kg·m]$$

03 마찰(손실)마력(FHP : Friction Horse Power)

마찰(손실)마력은 마찰에 의해 손실된 마력을 말한다. 일반적인 엔진이 동력을 전달할 때 동력전달에 있어 마찰손실 25[%], 실제 기계의 효율은 75[%]이다.

$$FHP = \frac{frZN}{75} = \frac{FV}{75}$$

$$F = F_r \times Z \times N \quad \therefore FPS = IPS - BPS$$

여기서, IHP : 지시마력, BHP : 제동마력, F : 총 마찰력[kgf]

F_r : 링 한 개당 마찰력[kgf], N : 실린더 수

Z : 실린더 당 링의 수, V : 피스톤 평균속도[m/s]

1

실린더 1개당 총 마찰력이 6[kgf]인 4실린더 기관에서 피스톤의 평균 속도가 10[m/s]일 때 마찰로 인한 기관의 손실 마력[PS]은?

풀이 6[kgf]×4 = 24[kgf]으로 이 기관의 총 마찰력은 24[kgf]이다.

따라서 식에 대입하면,

$$FHP = \frac{FV}{75} = PS$$

$$FHP = \frac{24 \times 10}{75} = 3.2[PS]$$

 2

베어링에 작용하는 하중이 80[kgf]으로 베어링면의 미끄러짐 속도가 30[m/s]일 때 손실 마력[PS]은? 단, 마찰계수는 0.2이다.

풀이 마찰력은 하중×마찰계수로 구한다.

$$FHP = \frac{FV}{75} = PS$$

$$FHP = \frac{(80 \times 0.2) \times 30}{75} = 6.4[PS]$$

04 공칭마력(SAE)

공칭마력(SAE)은 미국 자동차공학학회에서 기관의 제원을 이용하여 간단하게 계산한 마력으로 주로 자동차의 등록 및 과세 기준으로 사용되는 마력[PS]이다.

$$SAE = \frac{M^2 Z}{1613} = \frac{D^2 Z}{2.5}$$

여기서, M : 내경[mm], D : 내경[inch], Z : 실린더 수

연료마력(PHP : Petrol Horse Power)

연료마력은 기관 성능시험 시 사용되는 연료의 열량, 소비량, 시험시간 등에 의해 측정하여 얻어진 마력이다.

$$PHP = \frac{60\,C \cdot W}{632.3t} = \frac{C \cdot W}{10.5t}\,[\text{PS}]$$

여기서, C : 연료의 저위 발열량[kcal/kgf]

　　　　W : 사용 연료의 중량[kgf]

　　　　t : 측정시간[min]

　　　　632.3 : 가솔린 1kg의 열량[kcal]

문제 **1**

평균유효압력 4[kgf/cm²], 행정 체적 300[cc]인 2행정 단기통 기관의 1회 폭발로 얻는 일[kgf·m]은?

풀이 일 = 힘×거리, 압력×체적

　　　일 = 4[kgf/cm²]×300[cm²]

　　　　 = 1,200[kgf·cm]

　　　　 = 12[kgf·m]

06 효율

01 시간 마력당 연료 소비율(F)

시간 마력당 연료 소비율(F) : 엔진의 연비성능을 나타내며, 내연기관 등의 원동기에서 발생하는 기계 에너지에 대한 소비 연료의 비율로서 열효율과 반비례한다. 연료 소비율이 작을수록 열효율이 높다.

$$F = \frac{시간당 연료 소비량}{PHP} \ [\text{kgf/PS} \cdot \text{h}]$$

$$= \frac{연료중량(체적 \times 비중)}{마력 \times 시간} \ [\text{g/PS} \cdot \text{h}]$$

문제 1

120[PS]의 기관에서 24시간 동안 320[L]의 연료를 소비하였다면, 이 기관의 연료소비율[g/PS·h]은? 단, 연료의 비중은 0.9이다.

풀이 문제에서 마력과 시간, 연료의 양과 비중이 주어졌으므로 식에 대입하면

$$F = \frac{연료중량(체적 \times 비중)}{마력 \times 시간} \ [\text{g/PS} \cdot \text{h}]$$

$$= \frac{320 \times 1,000 \times 0.9}{120 \times 24} = 100 [\text{g/PS} \cdot \text{h}]$$

$$= 100 [\text{g/PS} \cdot \text{h}]$$

상기 식에서 1,000을 곱한 이유는 요구하는 단위가 g이고, 제시된 단위가 L이므로 1L = 1,000g이 된다.

문제 2

1분당 120[cc]의 연료를 소비하는 기관의 회전수가 2,000[rpm]이며 크랭크축의 토크가 14[kgf·m]일 때 연료소비율[gf/PS·h]은? 단, 연료의 비중은 0.74이다.

풀이 축에 대한 마력을 구하면 식

$$PS = \frac{RT}{716} = \frac{2,000 \times 14}{716} = 39.1[PS]$$

$$F = \frac{연료중량(체적 \times 비중)}{마력 \times 시간}[g/PS·h]$$

$$= \frac{120 \times 60 \times 0.74}{39.1}$$

$$= 136.23[gf/PS·h]$$

02 기계 효율

기계 효율[η_m]은 제동마력을 지시마력으로 나눈 값으로 연소에 의한 동력과 크랭크축이 실제로 한 동력과의 비를 말하며, 4사이클의 경우 약 80~85[%], 2사이클의 경우 약 60~83[%]이다.

$$기계효율[\eta_m] = \frac{제동마력}{지시마력} \times 100[\%]$$

$$= \frac{제동일}{지시일} \times 100[\%]$$

$$= \frac{제동평균유효압력}{지시평균유효압력} \times 100[\%]$$

03 체적 효율

체적 효율(η_v)은 이론상 행정 체적과 실제 흡입한 공기 체적과의 비를 말한다.

$$기계효율[\eta_v] = \frac{실제\,흡입한\,공기의\,체적}{행정\,체적} \times 100[\%]$$

04 열효율

열효율(thermal efficiency)은 연소실에 공급된 연료에서 발생한 열량이 기계적인 일로 변화시킬 수 있는 열의 백분율로서 일로 변환된 에너지와 엔진에 공급된 열에너지의 비율을 말한다.

$$열효율(\eta) = \frac{632.3 \times PS}{C \times F} \times 100$$

여기서, PS : 마력

C : 연료의 저위 발열량[kcal/kgf]

F : 시간당 연료 소비율[kgf/PS·h]

* 지시열효율[%] = 100 − (냉각 손실+배기 및 복사 손실)
* 정미열효율[%] = 지시열효율×기계효율×100
* 전달효율[%] = 최종출력을 동력 발생원의 출력으로 나눈 값

 1

연료의 저위발열량 10,250[kcal/kg]인 연료를 시간당 30[kg]을 소비하는 100[PS] 기관의 열효율[%]은?

풀이 열효율의 식 $\frac{632.3 \times PS}{C \times F}$ 을 대입하면

$$\eta = \frac{632.3 \times 100}{10,500 \times 30} \times 100 = 20.069[\%]$$

문제 2

연료의 저위발열량이 10,250[kcal/kgf]일 경우 제동 연료소비율[gf/PSh]은? 단, 제동 연료소비율은 26.2[%]이다.

풀이 이 문제는 열효율의 식 $\dfrac{632.3 \times PS}{C \times F}$ 에서 F(시간당 연료소비율)를 묻는 문제이다.

연료의 저위발열량(C)이 10,250[kcal/kgf]이고 이때의 제동 연료소비율이 26.2[%]가 주어졌고 식에서 몇 [PS]인지가 주어지지 않았으므로 1[PS]로 계산한다.

$$F = \frac{632.3 \times PS}{C \times \text{연료소비율}[\%]} = \frac{632.3 \times 1}{10,250 \times 0.262} = 0.235[kgf]$$

문제에서 [gf/PSh]를 요구했으므로 [kgf]을 [gf]으로 환산하면 235[gf/PS·h]가 된다.

문제 3

연료의 저위발열량이 10,500[kcal/kgf], 제동마력 93[PS], 제동 열효율 31[%]인 기관의 시간당 연료소비량[kgf/h]은?

풀이 문제 1번과 같은 유형의 문제로 열효율의 식 $\dfrac{632.3 \times PS}{C \times F}$ 에서 F(시간당 연료소비율)를 묻는 문제이다.

연료의 저위발열량(C)이 10,500[kcal/kgf]이고 이때의 제동 마력이 93[PS]가 주어졌고 제동 열효율이 31[%]이므로

$$F = \frac{632.3 \times PS}{C \times F} = \frac{632.3 \times 93}{10,500 \times 0.31} = 18.06[kgf]$$

문제 4

기관의 냉각손실이 29[%], 배기와 복사에 의한 손실 31[%], 기계효율이 80[%]일 때 정미 열효율[%]은?

풀이 문제를 풀기위해서는 우선 지시 열효율을 구하고 정미 열효율을 계산하여야 한다.

지시 열효율 = 100 − (냉각 손실 + 배기와 복사 손실)
= 100 − (29 + 31) = 40[%]

정미 열효율 = 지시열효율×기계효율×100
= 0.4×0.8×100 = 32[%]

문제 5

기관의 냉각손실이 30[%], 배기 손실 35[%], 기계효율 83[%]일 때 정미 열효율[%]과 마찰 동력손실[%]은?

풀이 마찰 동력손실을 구하기 위해서는 지시 열효율과 정미 열효율을 알아야 하며, 정미 열효율은 지시 열효율을 알아야 한다.

- 지시 열효율 = 100 − (냉각 손실+배기와 복사 손실)
  = 100 − (30+35) = 35[%]
- 정미 열효율 = 지시열효율×기계효율×100
  = 0.35×0.83×100 = 29.05[%]
- 마찰 동력손실 = 지시 열효율−정미 열효율
  = 35−29.5 = 5.95[%]

07 피스톤 평균속도

피스톤 평균속도$(V) = \dfrac{2NL}{60}$ [m/s] $= \dfrac{NL}{30}$ [m/s]

여기서, N : 엔진 회전수[rpm]

L : 행정[m]

2 : 크랭크축 1회전당 피스톤이 2행정함

60 : 1분에 대한 초

 1

기관의 크랭크축 회전수가 2,400[rpm]이고 회전반경이 40[mm]일 때 이 기관의 피스톤 평균속도[m/s]는?

풀이 주어진 단위가 [m/s]이므로 회전반경을 [m]로 환산하여야 하며, 행정이 반경으로 제시되었으므로 40[mm]×2=80[mm]가 되고 [m]로 환산하면 0.08[m]가 된다.

피스톤 평균속도$(V) = \dfrac{NL}{30}$ [m/s]

$\qquad = \dfrac{2,400 \times 0.08}{30} = 6.4$[m/s]

2

4행정 사이클의 기관으로 피스톤 행정 87[mm], 기관의 회전수가 3,000[rpm]일 때 이 기관의 피스톤 평균속도[m/s]는?

풀이 주어진 단위가 [m/s]이므로 회전반경을 [m]로 환산하면 행정 L은 0.087[m]가 되므로,

$$피스톤\ 평균속도(V) = \frac{NL}{30}[m/s]$$

$$= \frac{3,000 \times 0.087}{30} = 8.7[m/s]$$

 3

행정 250[mm]인 가솔린 기관의 피스톤 평균속도 5[m/s]일 때 크랭크축의 1분간 회전수[rpm]는?

풀이 피스톤 평균속도 식에서 회전수(N)를 구하는 문제이다.

$$피스톤\ 평균속도(V) = \frac{NL}{30}[m/s], \quad N = \frac{V \times 30}{L}$$

$$= \frac{5m/s \times 30}{0.25m} = 600[m/s]$$

2 가솔린 기관

01 가솔린 기관의 연료

휘발유는 석유계의 원유에서 정제한 탄소와 수소로 구성된 탄화수소계열의
유기화합물 혼합체이다.

02 가솔린 액체의 연료로서의 구비조건

① 무게나 체적이 적고 발열량이 클 것
② 연소 후 탄소 등 유해화합물을 남기지 않을 것
③ 온도에 관계없이 유동성이 좋을 것

03 가솔린 기관의 열 정산관계

연료의 열량 100[%] 중 배기 손실 32[%], 냉각 손실 28[%], 마찰 손실
10[%], 유효일 30[%]이다.

04 전자제어 가솔린 기관에서 기본 연료분사량을 결정하는 센서

① AFS(흡입공기량 센서)
② CKP(CAS, 크랭크각 센서)

05 전자제어 가솔린 기관에서 사용하는 인젝터의 분사방식

① 순차 분사
② 동시 분사
③ 그룹 분사

06 전자제어 가솔린 엔진에서 연료압력이 낮아지는 원인

① 연료필터 막힘
② 연료 압력조절기 불량
③ 연료펌프 불량

07 전자제어 가솔린 엔진에서 연료압력은 정상이나 인젝터가 작동하지 않는 이유

① ECU 불량
② 크랭크각 센서 불량
③ 캠 포지션 센서 불량
④ 인젝터 니들 밸브 불량
⑤ 인젝터 관련 회로 불량

08 가솔린 기관의 공연비 피드백 필요성

이론 공연비로 제어하여 삼원촉매가 최적으로 작동할 수 있게 하며 삼원촉매가 최적으로 제어되면 유해배기가스를 무해한 가스로 잘 변환시켜 주므로 배기가스의 오염을 감소시킨다.

09 전자제어 가솔린 엔진에서 지르코니아 산소센서의 오픈 루프 조건

① 센서 단선 시
② 센서 검출 온도가 360[℃] 이하일 때
③ 출력 전압이 약 0.34~0.54[V]일 때
④ AFS 고장 시
⑤ TPS 고장 시

10 전자제어 가솔린 엔진의 3원 촉매의 전, 후방의 산소센서 중 후방 산소센서의 역할

① 촉매와 전방 산소센서의 상태에 따른 고장진단
② 정밀한 공연비 제어

11 다기통 가솔린 엔진설계 시 점화 순서 고려사항

① 인접한 실린더와 연속하여 폭발이 되지 않도록 한다.
② 연소간격이 일정하도록 한다.
③ 한 개의 메인저널에 연속 하중이 걸리지 않도록 한다.
④ 크랭크축에 비틀림 진동이 발생하지 않도록 한다.
⑤ 흡입공기 및 혼합기의 분배가 균일하도록 한다.

12 가솔린 엔진에서 공회전 시 부조 원인(단, 센서 및 점화장치는 정상임)

① 흡기관의 개스킷 누설로 인한 공기유입
② 인젝터의 막힘 및 연료계통의 불량
③ PCSV 진공호스의 누설이나 빠짐, 절손
④ PCV 진공호스의 누설이나 빠짐, 절손
⑤ 공회전 시 EGR 밸브의 열림 고착 또는 밀봉 불량

13 가솔린 기관의 연소실에서 화염 전파속도에 영향을 미치는 요인

① 스월, 스퀴시 등의 난류
② 공연비
③ 연소실 압력
④ 연소실 온도
⑤ 점화시기
⑥ 잔류가스의 비율

14 전자제어 가솔린 연료분사장치에서 점화시기를 제어하는 입력요소

① AFS
② CKP(CKPS, CAS)
③ WTS
④ BPS
⑤ 노크센서

15 전자제어 가솔린 엔진에서 시동불량 원인(단, GDI 제외)

① 크랭크각 센서 불량

② 인젝터 불량

③ 점화코일 불량

④ 파워 TR 불량

⑤ ECU 불량

16 전자제어 가솔린 기관이 열간(온간)시 시동이 걸리지 않는 원인

① 연료부족 또는 베이퍼록 발생

② 점화코일 열화

③ 파워TR 열화

④ 전기배선 열화

⑤ ECU 접지불량에 의한 전압강하

17 가솔린 기관의 노크 피해부품

① 피스톤

② 피스톤 링

③ 헤드 개스킷

④ 헤드 밸브

⑤ 크랭크축 메인베어링

18 가솔린 엔진에서 노킹 발생 시 엔진에 예상되는 현상

① 까르륵거리는 소음
② 엔진 경고등 점등
③ 배기소음의 불규칙
④ 출력 부족
⑤ 엔진 과열

19 전자제어 가솔린 기관이 열간(온간)시 시동이 걸리지 않는 원인

① 발생원인
- 옥탄가가 낮은 연료의 사용
- 점화시기가 빠를 때
- 흡기 및 실린더의 온도가 높을 때
- 압축비, 압축압력이 높을 때
- 엔진 과부하 시
② 방지대책
- 옥탄가가 높은 연료를 사용한다.
- 점화시기를 지각시킨다.
- 흡기 온도를 낮춘다.
- 압축비를 낮게 한다.
- 혼합기를 농후하게 한다.

20 **가솔린 엔진 연소 시 압력파의 누적에 의해 말단가스가 보통의 압력파의 진행속도보다 빠른 속도로 연소되는 현상**

정상적인 연소는 고온 고압의 혼합가스가 점화되어 화염이 연소실 전체로 확산되는데 비하여 연소속도는 20[m/s] 정도이다. 노킹은 미 연소된 말단가스가 점화에너지 없이 발화하여 화염면이 서로 충돌하는 현상으로 연소속도가 200~300[m/s] 정도이며, 데토네이션은 강렬한 노킹을 유발하는 경우로서, 화염전파속도는 정상치보다 훨씬 커서 1,000~3,500[m/s] 정도이며 엔진을 파괴하는 원인이 된다.

21 **가솔린 기관에서 공회전 시 HC가 발생하는 원인(단, 점화시기, 연료압력은 양호 함)**

① PCV 불량
② PCSV 불량
③ 인젝터 불량
④ 에어필터 불량

22 **가솔린 기관의 NOx 영향**

① **온도의 영향** : 연소에 의한 온도가 높을수록 NOx가 증가한다.
② **가감속의 영향** : 가속은 NOx가 증가하고 감속은 감소한다.
③ **행정체적의 영향** : 행정체적이 증가하면 NOx가 증가하고 행정체적이 감소하면 NOx가 감소된다.
④ **행정 / 내경비의 영향** : 장행정은 NOx가 증가하고 단행정은 감소한다.
⑤ **밸브 오버랩의 영향** : 밸브 오버랩이 작으면 NOx가 증가하고 밸브 오버랩이 커지면 NOx가 감소한다.

23 **가솔린 기관의 배출가스 제어(저감)장치 설명**

① 크랭크케이스 배출가스 제어장치(PCV) : 블로바이 가스가 대기 중으로 방출되지 못하도록 로커커버에 장착된 PCV 밸브를 통해 서지탱크에 흡입하여 연소실에서 재 연소시킨다.

② 증발가스 제어장치(PCSV) : 연료탱크에서 발생된 증발가스를 캐니스터에 포집한 후 PCSV의 진공호스를 거쳐 흡기다기관을 통해 연소실에서 연소되게 한다.

③ 배기가스 재순환(EGR)장치 : 연소 후 배출되는 배기가스속의 질소산화물을 감소시키기 위해 실린더의 배기포트에서 스로틀보디 부분에 위치한 흡기다기관 포트로 재순환시켜 가능한 출력감소를 최소로 하면서 최고 연소 온도를 낮추어 NOx의 배출량을 감소시킨다.

④ 삼원촉매장치 : 배기가스를 반응물질인 백금(Pt), 로듐(Rh), 팔라듐(Pd) 등으로 산화 및 환원시켜 유해배출가스를 저감시키는 장치로 CO를 CO_2로 HC를 H_2O와 CO_2, NOx를 N_2와 O_2로 환원시킨다.

⑤ MPI장치 : 공기와 연료의 혼합비 조절장치.

24 **전자제어 가솔린 엔진에서 실린더 온도 및 회전속도 변화에 따른 배출가스의 특성**

엔진상태 \ 배출가스	CO	HC	NOx
저온 시	CO 발생	HC 증가	NOx 감소
고온 시	-	-	NOx 증가
가속 시	CO 발생	HC 증가	NOx 대량 증가
감속 시	CO 증가	HC 증가	-

25 MPI엔진 점검 시 주의사항

① 센서 점검 시 배터리 전원을 인가하지 않는다.
② 전자제어 장치 점검 시 배터리 (-)단자를 탈거한다.
③ 연료장치 점검 시 누설에 의한 화재가 발생하지 않도록 주의한다.
④ 점화장치 점검 시 고전압에 의한 감전이 되지 않도록 주의한다.
⑤ ECU 회로를 단락시키지 않는다.

26 전자제어 인젝터의 총 분사시간(t_i)

기본 분사시간(t_p)+보정 분사시간(t_m)+전원전압 보정분사시간(t_s)

27 GDI 인젝터 분사제어 단계

① 준비 단계
② 상승 단계
③ 피크 단계
④ 유지 단계

28 GDI 엔진 정비 시 주의사항

① 연료레일 장착볼트는 재사용하지 않고 탈거 시 신품으로 교환 한다.
② 인젝터 고정클립, 오링, 백업링, 와셔 실, 컴버스천 실링, 장착볼트 등은 재사용하지 않는다.

③ 인젝터 컴버스천 실링 장착 시 특수 공구를 사용하며 교환 및 장착시 컴버
　스천 실링에 오일 및 윤활제를 도포하지 않는다.

④ 인젝터 와셔 실 장착 시 러버 코팅면이 인젝터 보디부로 조립되도록 한다.

⑤ 딜리버리 파이프 및 인젝터 단품에 충격을 주지 않도록 한다.

⑥ 실린더 헤드의 인젝터 홀 및 안착면을 깨끗하게 한다.

29 GDI 인젝터의 컴버스천 실링의 기능

누유 및 누설방지

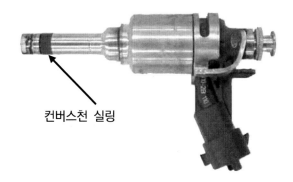

▲ GDI 인젝터

30 VFS 밸브(Variable Force Solenoid Vavle)

CVVT 시스템에 사용되는 밸브의 구성품 중의 하나로 흡기 및 배기 밸브의
매니폴드부에 장착되어 ECM의　PWM 신호에 따라 OCV 볼트의 스트로크를
컨트롤하여 엔진오일의 경로를 바꾸어 캠 페이지로 오일을 공급 또는 유출시
키는 역할을 한다.

3

디젤 기관

part I. 자동차 기관

01 디젤엔진의 운전 정지 기본원리

① 연료공급 차단
② 흡입공기 차단
③ 압축해제(디콤프 장치)

02 디젤엔진 연소향상 첨가제

① 초산에틸
② 초산아밀
③ 아초산에틸
④ 아초산아밀
⑤ 아질산아밀
⑥ 질산에틸

03 디젤기관에서 연료분사 노즐의 분무 특성

① 미립화

② 관통

③ 분사

④ 분포

04 디젤기관의 분사노즐 요구조건

① 연료의 무화

② 분사각도

③ 관통도

④ 분사방향

⑤ 분산도

⑥ 후적금지

05 디젤분사노즐의 점검항목

① 노즐 개변 압력

② 후적 여부

③ 분사 각도

④ 동와샤 불량에 의한 누유 여부

⑤ 접속부 누유 여부

06 디젤 자동차의 공급펌프 시험항목

① 누설 시험
② 송출 시험
③ 송출 압력 시험
④ 공급 압력 시험
⑤ 흡입 시험
⑥ 연료펌프 토출량 시험

07 디젤기관의 단점

① 분사압력($200\sim300[kg/cm^2]$)이 높아 분사펌프, 노즐의 수명이 짧다.
② 다공식 노즐을 사용함으로 값이 비싸다.
③ 사용연료 변화에 민감하여 노크 발생이 크다.

08 디젤엔진에서 연료계통에 공기 유입 시 현상

① 시동지연과 시동불량
② 공회전 부조와 가속성능 저하 및 출력부족
③ 백색연기 다량 배출
④ 엔진 정지

09 디젤엔진의 진동발생 원인

① 연료공급계통에 공기가 유입되어 있을 때
② 각 실린더 당 압축압력이 차이가 심할 때
③ 밸브 간극 조정 불량 시
④ 실린더 당 분사량 편차가 ±3[%] 이상일 때
⑤ 각 실린더의 피스톤 및 커넥팅로드의 중량차가 2[%] 이상일 때

10 디젤기관이 가솔린기관에 비해 진동 및 소음이 큰 이유

연료가 미세한 액체로 공기 중에 분무되어 가스가 되기까지 일정 시간이 걸리며 그로인한 엔진의 최고 회전수 및 최고 출력이 가솔린기관에 비해 낮아지는데 반하여, 팽창력은 가솔린기관에 비해 월등히 커서 팽창력에 따른 운동부분에 대한 관성질량이 크므로 진동 및 소음이 커질 수밖에 없다.

11 디젤기관의 딜리버리 밸브 역할

① 노즐 후적방지
② 연료 역류방지
③ 가압된 연료의 송출
④ 분사 파이프내의 잔압유지

12 디젤기관에서 연료분사 시기가 빠를 때의 영향

① 엔진 과열
② 출력저하 및 진동발생
③ 연소음 증가
④ 연료소모량 증가
⑤ 노킹 발생
⑥ 공회전 부조
⑦ 냉각수 온도 및 배기가스 온도 상승
⑧ 엔진 각 부의 조기 마모

13 디젤기관에서 후연소기간이 길어지는 원인(착화지연에 미치는 영향)

① 연료의 질이 나쁘다.
② 압축압력이 낮다.
③ 연료 분사압력이 낮다.
④ 흡기 및 연소실의 온도가 낮다.
⑤ 분사시기가 늦다.
⑥ 분사 노즐이 불량하다.
⑦ 냉각수온도가 낮다.

14 디젤 연료분사율에 영향을 주는 인자

① 기관의 속도
② 연료의 압력
③ 분사노즐의 니들밸브 모양
④ 연료분사 행정 길이

15 분배형 디젤기관의 연료분사 장치 구비조건

① 고압 형성
② 연료 분배
③ 분사시기 제어
④ 분사량 제어

16 디젤엔진의 노킹현상

착화지연기간 중에 분사된 다량의 연료가 화염전파기간 중에 일시적으로 연소되어 실린더 내의 압력이 급상승되면서 엔진에 충격파를 주는 현상으로 압력상승률에 비례한다.

17 디젤기관의 노크 방지 대책

① 착화성이 좋은 연료 사용
② 착화지연기간 단축
③ 실린더내의 온도와 압력 상승
④ 흡입공기의 온도와 압력 상승
⑤ 연소실내의 공기 와류 발생
⑥ 분사초기에 분사량을 적게 분사

18 전자제어 디젤기관의 기본 분사량 및 보조 분사량 제어에 입력되는 센서

① 에어플로 센서

② 크랭크각 센서

③ 캠포지션 센서

④ 연료압력 센서

⑤ 냉각수온 센서

⑥ 흡기온도 센서

19 디젤엔진에서 배기가스가 흰색으로 나오는 원인

① 엔진오일 연소

② 피스톤 링 마모

③ 헤드개스킷 파손

④ 밸브가이드 마모

⑤ 밸브가이드 오일 실 열화

20 디젤엔진에서 매연이 발생하는 이유

엔진에 부하가 걸린 상태에서 연료를 많이 분사하게 되면 공기의 부족으로 불완전 연소가 되어 그을음이 생성되고 이로 인해 매연이 발생한다.

21 디젤엔진에서 매연 발생원인

① 흡입 공기량 부족(에어크리너 막힘)

② 연료 분사시기 불량

③ 분사펌프 불량

④ 분사 노즐 불량(후적, 막힘)

⑤ 불량 연료

22 디젤 기관에서 평균분사량, (+)불균율, (−)불균율과 판정

① 평균분사량 $= \dfrac{각 플런저의 분사량 합계}{실린더 수}$

② (+) 불균율 $= \dfrac{최대 분사량 - 평균 분사량}{평균 분사량} \times 100$

③ (−) 불균율 $= \dfrac{평균 분사량 - 최소 분사량}{평균 분사량} \times 100$

④ 불균율의 한계 : 전부하 시 3[%], 무부하 시 10~15[%] 이내

23 아래의 표에서처럼 4 실린더 디젤기관에서 전부하 시 조정 또는 수정 및 수리해야 하는 실린더는?

실린더 번호	1	2	3	4
분사량[cc]	56	60	58	62

① 평균 분사량 : $\dfrac{56+60+58+62}{4} = 59[cc]$

② (+) 불균율 : $\dfrac{62-59}{59} \times 100 = 5.08[\%]$

③ (−) 불균율 : $\dfrac{59-56}{59} \times 100 = 5.08[\%]$

④ 불량 실린더 : 평균분사량×($\pm 3\%$)=57.23~60.77[cc]로 1번과 4번 실린더이며, 평균에 비하여 분사량이 많다.

24 디젤기관의 직접 분사식의 장점

① 열효율이 높고 연료소비량이 적다.
② 엔진 기동이 쉽다.
③ 연소실 체적에 대한 표면적비가 적어 냉각손실이 적다.

25 배기가스 후처리장치인 CPF의 재생과정

① PM 포집 단계 : 배기가스 중 PM 성분이 산화촉매를 거쳐 필터에 포집되는 단계
② 배압 증가 및 후분사 단계 : 포집량이 많아지면 차압센서의 신호에 의해 재생 모드 진입 및 후분사를 실시하는 단계
③ 입자 재생 단계 : 타지 않은 연료나 오일찌꺼기 등이 필터 내부에 재가 되어 축적되는 단계

26 커먼레일 자동차에서 예비분사를 하지 않는 조건

① 예비분사가 주분사를 너무 앞지르는 경우
② 엔진회전수가 3,200[rpm] 이상인 경우
③ 주분사 연료량이 충분하지 않은 경우
④ 분사량이 너무 적은 경우
⑤ 연료압력이 최소 값 이하인 경우(100bar 미만)

27 커먼레일 기관의 압력센서 기능

커먼레일 방식의 디젤엔진에서 고압연료의 압력을 감지하여 ECU에 입력신호를 보내는 센서로 ECU는 이 신호를 받아 연료량, 분사시기를 조정하는 신호로 이용한다.

28 커먼레일 엔진에서 주분사로 급격한 압력상승을 억제하기 위한 예비분사를 결정하는 요소

① 냉각수 온도
② 흡입공기량

29 디젤 CPF 손상사례

① 이상연소에 의한 CPF 소손
② CPF 내부온도가 1,050[℃] 이상 상승 시
③ 재생 중 급격한 산소공급에 의한 손상
④ 오일 성분이 재생 중 고온에서 연소하여 재로 퇴적되는 경우
⑤ Soot 과다 퇴적에 의한 손상

30 커먼레일 기관의 연료온도 센서 사용이유

① 설치목적 : 고압펌프 보호
② 사용이유 : 커먼레일 내의 연료온도를 부특성 서미스터로 측정하여 ECU로 입력하면 ECU는 연료온도를 낮추기 위하여 엔진의 최고 회전수를 제한한다.

31 IQA 인젝터의 장점

① 실린더별 분사 연료량의 편차를 줄여 엔진 정숙성 향상
② 배기가스 규제 대응용이
③ 최적의 연료분사 제어 가능
④ 연료분사량 학습 가능

32 커먼레일 자동차에 적용되는 인젝터의 종류

① 그레이드 인젝터 : 분사량 편차에 따라 X, Y, Z의 3등급으로 분류.
② 클래스화 인젝터 : C1, C2, C3 등으로 클래스를 나누어 ECU에 입력하고 ECU는 클래스에 따라 분사량을 조절한다.
③ IQA 인젝터 : Injection Quantity Adaptation으로 인젝터의 코드를 ECU 에 입력하여 전부하, 부분부하, 아이들, 파일럿 분사구간 등 인젝터 간 연료분사량의 편차를 보정한다.
④ IQA+IVA 인젝터 : IQA인젝터의 특성에 Inject Voltage Adjustment로 인젝터의 전압을 보정하는 피에조 인젝터를 뜻한다. 이는 피에조 액추에이터를 두고 밸브를 열고 닫아 제어하므로 분사 응답성이 빠르고 출력이 높으며, 배기가스를 줄일 수 있다. 단점으로는 인젝터 구동전압이 약 200[V]로 매우 높다.

33 디젤엔진에 사용되는 람다(산소)센서의 기능

① 전단 람다센서 : 연료량 보정, 최대 부하시 농후한 혼합비로 인하여 발생되는 흑연(Smoke)의 제한 제어, EGR 정밀제어
② 후단 람다센서 : LNT 재생시 NOx 흡장량을 비교하여 재생 종료시점 파악

LPi(LPG) 기관

part I. 자동차 기관

01 LPG 자동차의 특징(장점과 단점)

① 장점
- 연소효율이 좋고 엔진이 정숙하다.
- 대기 오염이 적고 위생적이다.
- 연료비가 적게 들고 엔진의 수명이 길다.
- 베이퍼록 현상이 일어나지 않고 윤활성능이 좋다.

② 단점
- 저온 시동성이 떨어진다.
- 연소실 온도가 높다.
- 역화가 발생할 수 있다.
- 가스 누설 시 폭발 우려가 있다.
- 고압의 용기가 필요하다.

02 LPG의 액·기상 솔레노이드 밸브 작동 설명

① 액상 솔레노이드 밸브 : 냉각 수온이 일정온도(약 18[℃]) 이상 올라가면 엔진 ECU에 의해 제어되어 액상 상태의 LPG를 베이퍼라이저에 공급한다.

② 기상 솔레노이드 밸브 : 냉각 수온이 일정온도 (약 18[℃]) 이하에서 작동하여 베이퍼라이저에 기체상태의 연료를 공급하여 시동성을 좋게 하고 베이퍼라이저에서의 기화잠열에 의한 동결을 방지한다.

03 LPG 믹서의 주요 구성품

① 메인 듀티 솔레노이드 : 산소센서의 입력신호에 따라 ECU에서 연료량을 듀티로 제어하여 공기와 연료의 혼합비를 조절한다.
② 슬로 듀티 솔레노이드 : 슬로 연료라인으로 공급되는 연료량을 듀티로 제어하여 연료의 공급량을 제어한다.
③ 아이들 스피드 컨트롤(ISC) 밸브 : 공회전 속도제어 및 시동 시, 공회전 시, 전기부하 시, 변속부하 시 등에 따른 공회전 보정을 한다.

04 베이퍼라이저의 기능

① 감압
② 기화
③ 조압(압력조절)

05 베이퍼라이저 구성부품 및 설명

① 수온스위치 : 베이퍼라이저로 순환하는 냉각수의 온도 감지
② 1차 감압실 : 공급되는 연료의 압력을 약 0.3[kgf/cm^2]로 감압
③ 2차 감압실 : 대기압에 가깝게 감압
④ 기동 솔레노이드 밸브 : 냉간 시동 시 연료의 추가적인 공급
⑤ 부압실 : 기관 정지 시 LPG 누출 방지

06 LPG 엔진의 역화 근본원인

① 점화시기 지연
② 밸브오버랩 과다
③ 크랭크각 센서 신호불량

07 LPG 엔진의 연료에 의한 가속불량 원인

① LPG 조성 불량
② 연료필터 막힘
③ 액상 솔레노이드밸브의 작동 불량

08 LPG 엔진의 믹서에 의한 출력부족 원인

① 믹서 출력밸브 제어장치 고착
② 공회전 조정 불량
③ 파워밸브 작동 불량
④ 파워제트 막힘
⑤ 메인노즐 막힘

09 LPG 자동차의 베이퍼라이저에 의한 공회전 부조원인

① 베이퍼라이저 각 밸브의 밀착 불량
② ISA 조정 불량 및 마모
③ 1차 압력조정 불량
④ 타르퇴적
⑤ 1, 2차 다이어프램 파손

10 LPG차량에서 엔진 부조 원인(단, 연료계통, 베이퍼라이저는 정상임)

① 진공호스 탈거, 절손 등에 의한 공기의 유입
② 점화플러그, 고압케이블 소손, 점화시기 불량
③ EGR 밸브 밀착 불량
④ 헤드 개스킷 누설

11 베이퍼라이저와 믹서의 역할에 상응하는 LPI의 구성부품과 설명

베이퍼라이저는 감압, 기화, 조압의 역할을 하며, 믹서는 공기와 LPG를 혼합하여 연료의 혼합비 제어 및 공급량 제어와 공회전 제어를 한다. LPI 시스템에서는 연료펌프에 의한 연료의 공급을 받아 펌프드라이버, 차단밸브, 온도센서, 인젝터, 압력센서, 압력레귤레이터 등으로 구성하여 연료의 공급량 제어와 공기와 연료의 혼합비 제어 및 공회전 제어를 한다.

12 LPI의 특징

① 겨울철 냉간 시동성 향상
② 가솔린 기관과 동등한 출력 성능
③ 타르 발생 및 역화가 현저하게 적다.
④ 연료의 정밀제어로 유해 배기가스 배출이 적다.

13 LPi 엔진에서 연료펌프 구동시간의 결정 및 연료조성비율의 판정, 최적 연료 분사량을 보정하는 센서

① 연료 압력센서

② 연료 온도센서

14 LPi 풀컨테이너 방식과 세미컨테이너 방식

① 풀컨테이너 방식 : 봄베 전체를 밀봉시키고 공기배출 호스를 대기 중으로 개
방시킨 방식.

② 세미컨테이너 방식 : 액상, 기상 충전밸브, 게이지 보스부 등은 밀봉하고 에
어벤트 호스를 대기 중으로 개방시킨 방식으로 승용차에 주로 사용된다.

15 LPI 관련 구성부품

① 연료펌프

② 인젝터

③ 펌프드라이버

④ 인터페이스 박스

⑤ 연료압력조절기

16 LPI 인젝터와 가솔린 인젝터의 차이점

일반 가솔린용 인젝터는 인젝터 상부에서 하부로 경로를 따라 연료가 공급되는
반면 LPI 인젝터의 경우 아이싱 현상을 방지하기 위하여 연료공급라인을 인젝
터 몸통의 옆쪽에 설치하여 인젝터의 중심라인으로의 연료 흐름을 최소화한다.

17 **LPI 자동차에서 연료라인의 압력을 봄베보다 높게 유지하는 이유**

연료의 기화 방지

18 **LPI 인젝터에서 아이싱 팁의 역할**

아이싱 팁 몸체와 결합되는 부품의 재질을 다르게 적용하여 연료분사 후 발생하는 기화잠열에 의해 인젝터 주변의 수분에 의한 빙결되는 현상을 방지하는 역할을 한다.

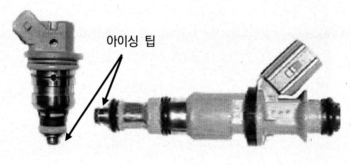

아이싱 팁

▲ LPI 인젝터

친환경 자동차

part I. 자동차 기관

01 하이브리드 자동차의 모터방식 중 병렬형 방식에서 하드방식의 특징

① 회생제동 효율이 우수하며 연비가 좋다.
② 대용량 모터 및 2개 이상의 모터와 제어기가 필요하다.
③ 대용량 배터리가 필요하다.
④ 소프트 방식 대비 전용부품이 1.5~2배 이상 소요된다.

02 하이브리드 자동차의 방식

① **직렬방식** : 엔진에서 출력되는 기계적인 에너지는 발전기를 통하여 전기적 에너지로 변환되고 이 전기적 에너지가 배터리나 모터로 공급되어 차량은 항상 모터로 구동된다. 기존의 전기자동차에 주행거리 증대를 위하여 발전기를 추가한 형태로 이 발전기의 발전을 엔진 동력을 이용하여 발전하는 형태를 말하기도 한다.
② **병렬방식** : 배터리 전원만으로도 차량을 움직일 수 있고 기존 엔진만으로도 차량을 구동할 수 있는 두 가지 동력원을 같이 사용하는 방식이다.
③ **직병렬방식** : 직렬형의 장점과 병렬형의 강점을 조합한 방식으로 동력분기용 유성기어와 2개의 모터를 사용한다. 모터1은 시동 및 발전용으로 사용되며, 모터2는 구동 및 회생제동 시 사용되며, HEV 주행모드에서는 2개의 모터를 모두 사용한다.

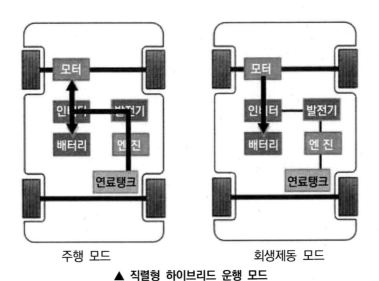

주행 모드　　　　　　　　　　회생제동 모드

▲ 직렬형 하이브리드 운행 모드

03 하이브리드 자동차의 구동형식 중 모터제어 방식의 분류에서 병렬형방식의 종류

① 소프트 방식

② 하드 방식(Full hybrid, Mild hybrid, Micro hybrid)

③ 플러그인 방식

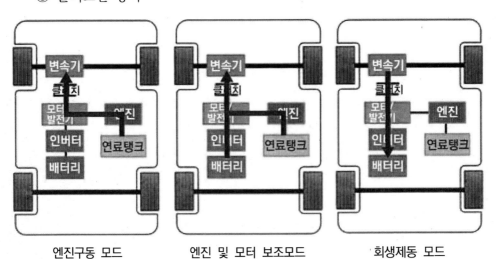

엔진구동 모드　　　　엔진 및 모터 보조모드　　　　회생제동 모드

▲ 병렬형 하이브리드 소프트 방식의 운행 모드

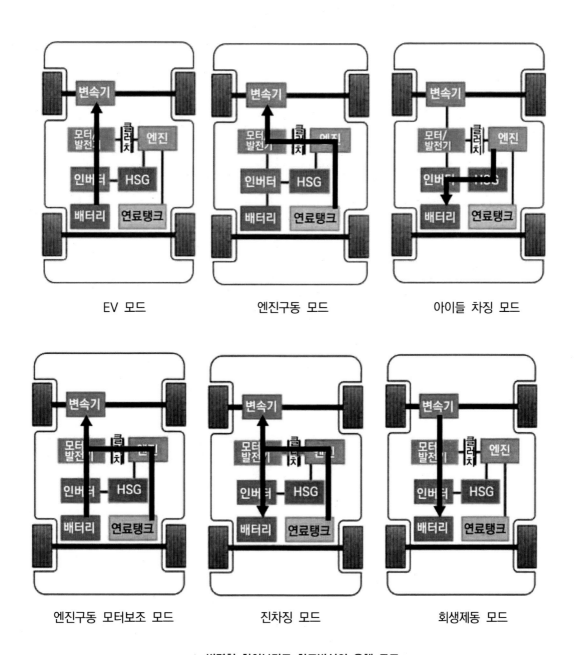

EV 모드	엔진구동 모드	아이들 차징 모드
엔진구동 모터보조 모드	진차징 모드	회생제동 모드

▲ **병렬형 하이브리드 하드방식의 운행 모드**

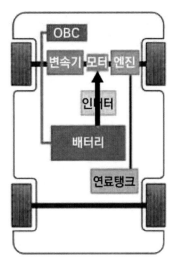

Charge Depleting 모드
(EV 모드)

Charge Sustaining 모드
(EV 모드)

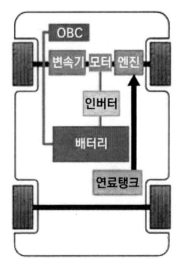

Charge Sustaining 모드
(엔진구동 및 모터구동)

Charge Sustaining 모드
(엔진구동)

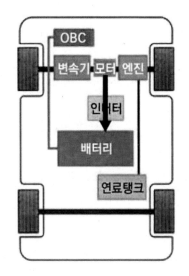

Charge Sustaining 모드
(회생제동 충전)

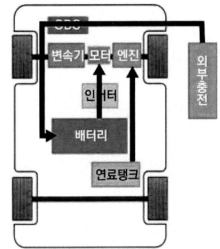

충전 모드
(외부 충전)

▲ 플러그인 하이브리드의 운행 모드

04 플러그인 하이브리드의 운행모드

① CD 모드(Charge Depleting) : EV 주행모드로 배터리를 일정량 사용할 때까지 모터만으로 전 구간을 주행한다.

② CS 모드(Charge Sustatining) : 4개의 모드로 나뉘어 있으며, 큰 구동력이 필요하지 않은 출발이나 서서히 가속 시 모터만을 사용하는 EV 모드, 속도 증가에 따른 큰 구동력이 필요하거나 등판 등 부하가 큰 경우 엔진과 모터를 동시에 구동하여 모터를 보조 수단으로 사용하는 엔진과 모터구동 구간, 중·고속에서 정속주행을 하여 엔진의 효율이 좋은 구간에서는 엔진만으로 구동을 하는 엔진 구동 구간, 감속이나 제동 시 발생되는 열에너지를 전기에너지로 변환시켜 배터리를 충전하는 회생제동 구간 등이다.

③ 외부 충전 모드 : 외부의 전력을 공급받아 배터리를 충전하는 모드

05 하이브리드 자동차의 오토스탑 작동조건

차량의 속도가 12[km/h] 이상의 속도로 3초 이상 운행 후 브레이크 페달을 밟은 상태로 차속이 4[km/h] 이하가 되면 엔진이 정지된다.

06 SOC(State Of Change. 배터리 충전률)의 배터리 사용가능한 에너지 계산

$$\frac{\text{방전 가능한 전류량}}{\text{배터리 정격용량}} \times 100[\%]$$

07 하이브리드 자동차의 HCU기능

① 요구토크 결정
② 회생제동 제어
③ 배터리 SOC 균형
④ 엔진 작동시점 결정
⑤ 공회전 및 주행 시 충전 제어
⑥ 엔진 시동 및 정지 제어
⑦ 토크 협동 제어
⑧ 토크 발생 제어
⑨ 쇼크 억제 제어
⑩ 시스템 제한 제어

08 직병렬 하이브리드(동력분기식, Power split) 운행모드

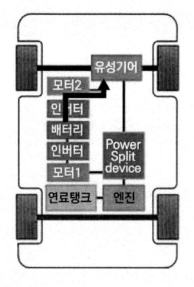

EV 모드

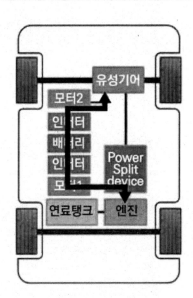

EV & 이그니션 모드

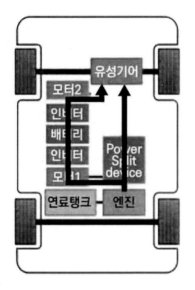
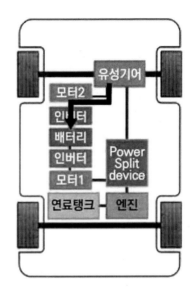

HEV 모드   회생제동 모드

09 하이브리드 자동차의 고전압 배터리 주요기능

① 고전압 배터리 파워 제한
② 냉각 제어
③ 고장 진단
④ 셀 밸런싱
⑤ 고전압 릴레이 제어

10 고전압 배터리 고장진단 시 입력요소

① 배터리 전압
② 배터리 온도
③ 배터리 전류
④ 보조 배터리 전압
⑤ 쿨링팬 전압

11 고전압 배터리 시스템 화재 시 주의사항

① 화재 초기일 경우 안전 스위치를 신속하게 OFF한다.
② 실내에서 화재가 발생한 경우 수소가스의 방출을 위하여 환기를 시킨다.
③ 화재 진압 시 물 등의 액체물질을 사용하지 않도록 한다. 반드시 ABC소화
기를 사용하여 진압한다.

12 하이브리드 자동차의 컴프레서

고전압을 사용하는 하이브리드 자동차의 (전동식 컴프레서)는 (절연성능)이 높
은 POE오일(지정오일)을 사용한다.

13 하이브리드 자동차에서 고전압 시스템 점검 시 주의사항

① 취급 기술자는 고전압 시스템에 대한 검사와 서비스 교육이 선행되어야 한다.
② 안전 스위치 OFF후 5분 이상 경과한 이후에 작업을 해야 한다.
③ 절연장갑을 착용하고 차량 고전압 차단을 위해 안전스위치를 OFF해야 한다.
④ 모든 고전압을 취급하는 단품에는 고전압이라는 라벨이 붙어 있으므로 취
급에 주의한다.
⑤ 고전압 케이블(오렌지색) 금속부 작업 시 반드시 0.1[V] 이하인지 확인한다.

14 하이브리드 자동차에서 고전압 시스템 정비 시 주의사항

① 시동 키 ON 또는 시동 상태에서 절대로 작업하지 않는다.
② 고압케이블(주황색)을 손으로 만지거나 임의로 탈거하지 않는다.
③ 정비를 위해 엔진룸을 고압으로 세차하지 않는다.

15 하이브리드 차량의 배기가스 검사 또는 정비목적으로 엔진을 강제 구동시키는 방법

① 정차상태에서 기어단을 P에 위치하고 주차 브레이크를 작동시킨다.

② 브레이크 페달을 밟지 않은 상태로 엔진 Start/Stop 버튼을 두 번 눌러 IG ON상태가 되도록 한다.

③ 기어단이 P에 위치된 상태에서 가속페달을 2회 밟는다.

④ 기어단을 N에 위치한 상태에서 가속페달을 2회 밟는다.

⑤ 기어단이 P에 위치된 상태에서 가속페달을 2회 밟는다.

⑥ 브레이크 페달을 밟은 상태에서 엔진 Start/Stop 버튼을 눌러 엔진을 시동하고 아이들 상태를 유지한다. 이때 rpm은 1300[rpm]으로 유지되며 엔진 정시 시 해제된다.

16 하이브리드 자동차의 MCU 작업 시 주의사항

① 144[V] 이상의 고전압으로 작동되는 장치이므로 시동키 2단 또는 엔진 시동 상태에서 절대로 만지지 않는다. 시동키 OFF후 5분 이상 경과 후 작업한다.

② MCU에 연결된 파워케이블(DC 2상, AC 3상)은 감전 우려가 있으므로 손으로 만지거나 전기 케이블을 임의로 탈착하지 않는다.

③ AC 3상 케이블의 각 상(U, V, W)의 연결이 잘 못되었거나 DC 케이블의 (+), (-)극성이 반대로 연결되면 MCU 또는 배터리 등의 부품이 손상되거나 사용자 내지는 작업자의 안전에 심각한 위협을 초래하므로 주의해야 한다.

④ MCU가 트렁크 룸 내부에 장착되는 경우 과도한 화물의 적재 또는 충격이 가해지지 않도록 주의한다.

17 하이브리드 자동차의 MODE1과 MODE2

① MODE1 : 방전모드, 모터의 구동을 위해 고전압 배터리가 전기 에너지를 방출하는 동작모드이며 모터 동작요구에 따라 방전 전류량이 달라진다.
② MODE2 : 정지모드, 고전압 배터리의 전기에너지 입·출력이 발생하지 않도록 하는 동작모드.

18 병렬형 하이브리드의 장점

① 내연기관 차량의 동력 전달계 활용 가능
② 저성능 전동기와 소 용량의 배터리로도 구현가능
③ 에너지 변환손실이 적다.

19 하이브리드 자동차의 리졸버 보정

모터에 장착되어 있는 리졸버의 정확한 상의 위치 검출을 통해 MCU는 정확한 토크를 지령하여야 한다. 일반적으로 리졸버는 정확한 위치로 모터와 조립되어 보정이 필요 없도록 되어 있으나 파워트레인과 같이 조립되는 하이브리드 차량의 경우에는 하드웨어적으로 모터와 리졸버 상의 위치가 맞도록 조립하는 것이 어렵다. 따라서 정확한 상의 위치 값과 리졸버 출력 값이 같아지도록 보정을 실시한다.

20 리졸버 보정시기

① 하이브리드 모터 교환 시
② 하이브리드 엔진 교환 시

③ 하이브리드 변속기 교환 시
④ ECU 업데이트 시

21 하이브리드 자동차의 리졸버 보정 시 주의사항

① MCU 교환 시 리졸버 보정을 실시한다.
② 모터 및 리어플레이트가 파워트레인에서 분해되었다가 재장착하는 경우 보정을 실시한다.
③ 보정과정을 거친 후 장비의 LED가 ON-OFF를 반복하면 리졸버 보정과정에서 에러가 발생한 경우로 재점검 및 전원 공급 이상 여부를 확인하고 재보정을 실시한다.

22 하이브리드 자동차에서 리튬이온폴리머 배터리에 셀 밸런싱을 하는 이유

배터리 셀이 직렬로 연결되어 있는데 셀 간 밸런스가 달라지면 배터리 수명이 줄어들기 때문에 이를 방지하기 위하여 밸런싱을 해주어야 한다.

23 크랭크축 댐퍼 풀리와 구동벨트로 연결되는 HSS(Hybrid Starter Generator)의 역할

① 시동 기능
② 공회전 충전 기능
③ EV 주행 중 충전 기능

24 고전압계 부품의 종류

고전압 배터리, 파워릴레이 어셈블리, 고전압 정션박스 어셈블리, 모터, 파워케이블, BMS ECU, 인버터, LDC, 메인 릴레이, 프리차지 릴레이, 프리챠지 레지스터, 배터리 전류센서, 서비스 플러그, 메인 퓨즈, 배터리 온도센서, 부스바, 충전포트, 전동식 컴프레서, 통합 충전 컨트롤유닛, 고전압 히터, 고전압 히터 릴레이 등

25 차량제어 유닛(VCU)의 제어 종류

① **구동모터 제어** : 배터리 가용파워, 모터 가용토크, 운전자 요구를 고려한 모터토크 지령)

② **회생제동 제어** : 회생제동을 위한 모터 충전토크 지령 연산 및 회생 제동량의 연산)

③ **공조부하 제어** : 배터리 정보 및 FATC 요청 파워에 따른 최종 FATC 허용 파워 송신

④ **전장부하 전원공급 제어** : 배터리 정보 및 차량의 각종 상태에 따른 LDC의 ON/OFF 동작모드 결정

⑤ **클러스터 표시** : 구동파워, 에너지의 흐름, ECO Level, 파워다운, 시프트 레버 포지션, 서비스 램프 및 릴레이 램프 점등요청

⑥ **DTE(Distance to Empty)** : 배터리 가용 에너지, 과거 주행 전비를 기반으로 한 차량의 주행거리 표시, AVN을 이용한 경로 설정시 전비를 추정한 예약기능 수행

⑦ **아날로그 및 디지털 신호 처리 및 진단** : APS, 브레이크 스위치, 시프트 레버, 에어백 전개 신호 등의 처리 및 진단

26 모터위치센서(리졸버)

모터의 원활하고 정확한 제어를 위해 모터의 회전자 절대위치를 검출하는 센서로 리어 플레이트에 장착되어 있음.

27 모터온도센서

온도에 따른 모터 토크 보상 및 과온에 의한 모터보호 목적으로 사용됨.

28 고전압 충전시스템의 IG3 릴레이

LDC, BMS ECU, MCU, VCU, OBC 등의 신호를 받아 완속 충전이나 고속 충전 시 차량의 IG가 ON되지 않도록 하는 릴레이.
① IG3 #1 릴레이 : 완속 또는 급속 충전 중일 때를 제외하고 고전압을 제어하는 제어기가 작동하는 조건에서 IG3 릴레이의 전원공급을 받는다.
② IG3 #2 릴레이 : 완속 충전 시 IG3 릴레이를 통해서 전원을 공급한다.
③ IG3 #3 릴레이 : 고속 충전 시 IG3 릴레이를 통해서 전원을 공급한다.

29 순수 전기자동차의 특징

① **친환경적인 측면** : 화석연료를 사용하지 않으므로 CO_2, NOx의 발생이 없다. 엔진 소음 및 진동이 적다.
② **경제적인 측면** : 전기모터로 구동하므로 운행비용이 저렴하고 차량의 수명이 길다.
③ **안전적인 측면** : 사고 시 폭발위험성이 적다.
④ **편의적인 측면** : 기어의 변속이 없어 운전 조작이 편리하고 심야전력을 이용한 자택에서의 충전이 가능하다.

30 순수 전기자동차의 운행 모드

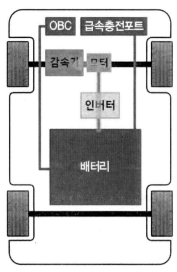

출발 & 가속 모드

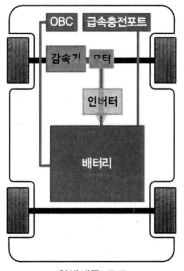

회생제동 모드

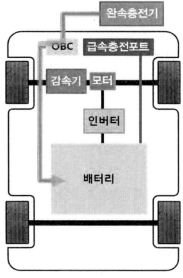

완속 충전 모드

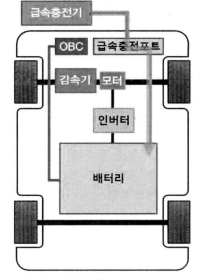

고속 충전 모드

31 수소의 특징

① 기체 중 가장 낮은 분자량과 가장 작은 분자를 가진 원소이다.

② 무색, 무취, 무미, 비 부식성으로 인화성 및 휘발성이 높다.

③ 밀도가 낮아 비교적 안전하며, 공기와 섞이지 않고 공기 위쪽으로 흩어지므로 자연 상태에서 발화 및 폭발 가능성이 낮다.

④ 부력이 높으며, 연료 중에 가장 낮은 점화점(다른 연료의 10분의 1 이하)과 폭 넓은 가연성 농도범위(4~75[%])를 가지고 있다.

⑤ 연소 시 눈에 보이지 않고 연기가 나지 않는다.

32 수소 저장 및 공급시스템 점검 시 주의사항

① 부품을 제거하기 전에 모든 작업장 및 주변 지역을 청소한다.

② 보풀이 없는 천만 사용한다.

③ 깨끗한 부품만 사용한다.

④ 수리 작업을 바로 수행할 수 없는 경우 개봉된 부품에 커버를 씌우거나 테이프로 밀봉한다.

33 수소 저장시스템 관련부품

수소 저장시스템 제어기(HMU), 수소 센서, 수소 탱크, 수소 탱크 솔레노이드 밸브 어셈블리, 충전용 리셉터클 어셈블리, 고압 레귤레이터, 체크밸브, 연료공급튜브, 수소 탱크 퍼지밸브, 고압센서, 고압연료튜브, 저압연료튜브 등

34 고전압 시스템 관련부품

연료전지 스택 어셈블리, 연료전지 제어유닛(FCU), 공기 블로어, COD 히터, 고전압 정션박스, 고전압 배터리 팩 어셈블리, 파워 릴레이 어셈블리, 배터리 관리시스템, 구동모터 ECU, 전동식 에어컨 컴프레서, 고전압 직류변환장치, 저전압 직류변환장치, 전원케이블 등

35 연료전지 자동차 점검 시 안전사항

① 개인 보호 장비(절연장갑, 보호 안경)를 착용한다.
② 단락을 일으킬 수 있는 금속물체(시계, 반지 등)의 착용을 금지한다.
③ 절연 공구를 사용한다.
④ 보호 장비를 착용하기 전에 찢어지거나 깨지지 않았는지 또는 습기가 있는지 확인한다.

36 개인 보호 장비의 종류

절연장갑, 고무장갑, 보호안경, 절연화, CO_2 소화기, 전해질 수건, 단자절연용 비닐테이프, 메거옴 테스터 등

37 수소의 위험 요인

누출, 인화성, 가연성, 반응성, 수소 침식, 질식, 저온 등

38 수소가 누출되는 경우 가연성에 가장 크게 영향을 주는 요인

부력속도와 확산속도

39 주행 중 수소의 흐름

전력이 감지될 때, 수소가 공급되고, 탱크 밸브를 개방한다. 이때 레귤레이터는 압력을 감소시키고 연료 공급 시스템(FPS)에 필요한 압력과 유량을 제공한다.

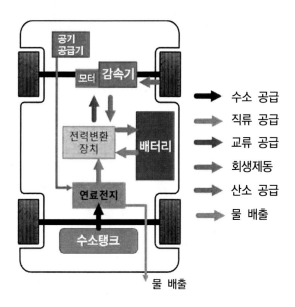

40 수소 탱크의 구성

① 라이너의 분류 : 금속 라이너 - 타입 3, 플라스틱 라이너 - 타입 4
② 외부 라이너 : 에폭시 수지에 담근 다음 꼬인 상태에서 말려진 내구성이 높은 탄소 섬유로 만든다.
③ 탄소 섬유 층은 내부 압력 부하의 대부분을 견딜 수 있으며, 비틀린 섬유 조형을 허용하면서 실(seal)을 유지한다. 금속 탱크의 약 30[%] 중량으로 내식성이 높다.

④ **솔레노이드 밸브** : 수소의 입/출력 흐름을 제어하기 위해 각각의 탱크에 연결되어 있으며, 열감응식 안전밸브인 감압장치(PRD 또는 T-PRD), 과류 차단밸브(EFV), 탱크 내부의 온도를 측정하여 남은 연료를 계산하기 위한 온도센서가 장착되어 있다. 프런트 수소 저장탱크에 고압센서를 장착하여 탱크의 압력을 감지하고 남은 연료의 양 및 고압 레귤레이터를 모니터링하기 위해 수소 저장 시스템제어기(HMU)에 의해 제어된다. HMU는 솔레노이드 밸브의 고장을 감지하면 연료 전지모듈의 작동을 정지시킨다.

⑤ **고압 레귤레이터(HPR)** : 탱크로부터 공급되는 수소의 압력 (875~20bar)을 16bar으로 조절하여 스택으로 공급한다. 중압센서를 장착하여 공급압력을 측정하고 연료량의 계산 및 레귤레이터의 모니터링을 위해 수소 저장 시스템제어기(HMU)에 입력값을 송신한다. 압력 릴리프밸브(PRV)와 서비스 퍼지 밸브를 포함하여 장착된다. 수소 공급장치 및 저장 시스템 부품 정비 시 스택과 탱크사이의 수소 공급라인의 수소를 배출하여야 하는데 서비스 퍼지 밸브 니플에 수소 배출튜브를 연결하여 공급라인의 수소를 배출한다.

⑥ **T-PRD** : 밸브 주변의 온도가 110[℃]를 초과하는 경우와 화재 발생 시 외부에 수소를 배출한다. 밸브가 작동되면 교체한다.

⑦ **과류 차단 밸브(EFV)** : 고압 라인에 손상이 발생한 경우 과도한 수소의 대기 누출을 기계적으로 차단하는 과류 플로 방지밸브이다. 밸브작동 시 연료공급이 중단되고 연료 전지모듈의 작동이 정지된다.

⑧ **체크 밸브** : 충전된 수소가 충전 주입구를 통해 누출되지 않도록 한다.

⑨ **압력 조정기** : 각각의 흡입구 및 배출구에 압력 센서가 장착되어 있다.

⑩ **연료 도어 개폐 감지 센서** : 연료도어의 개폐를 감지한다.

⑪ **IR 이미터(emitter)** : 적외선 통신장치로 연료 도어 내에 장착되어 탱크의 온도와 압력 등의 정보를 실시간 송신한다.

⑫ **수소 저장 시스템 제어기(HMU)** : 수소탱크에 남은 연료를 계산하기 위해 각각의 센서로부터 신호를 받으며, 수소가 충전되고 있는 동안 연료 전지 기동 방지 로직을 사용하고 수소 충전 시에 충전소와 실시간 통신을 하여 탱크 내부의 온도가 85℃를 초과하지 않도록 한다.

41 연료전지 스택

① 수소와 산소를 전기화학반응을 시켜 전기를 생성하는 장치로 막 전극접합체(MEA. Membrane-Electrode Assembly)와 분리막(Separate)으로 구성된다.

② MEA는 수소이온을 이동시켜주는 고분자 전해질막과 전해질막의 양면에 백금촉매를 도포하여 구성되는 촉매 전극인 양극(Anode, 공기 극)과 음극(Cathode, 연료 극)으로 구성된다.

③ MEA는 개당 0.7[V] 정도의 전기를 생성하므로 차량에서 출력을 얻기 위해서는 그 출력전압에 맞는 양의 MEA가 장착된 스택이 필요하다.

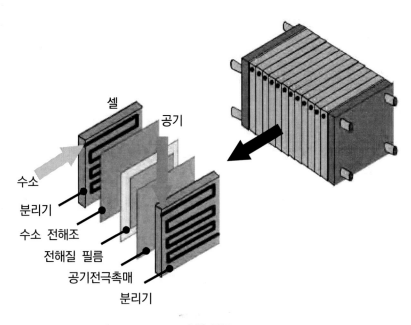

▲ 스택 구조

42 스택의 전기 발생원리

MEA의 앞, 뒷면에 백금계의 촉매 카본분말을 입히고 분리막 사이에 수소가스를 음극에 주입하면 수소가 촉매와 반응하여 수소이온과 전자로 분해된다. 수소이온은 전해질막을 통과하여 양극으로 이동하고, 양극에서는 수소이온과 전자 및 산소와 결합하여 물이 생성 된다. 전자는 외부회로를 거치면서 전류가 발생된다.

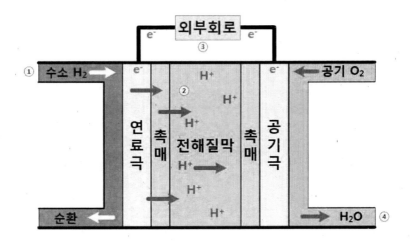

43 수소 연료전지 자동차의 3대 핵심부품

연료전지 스택, 운전 장치, 수소 저장탱크

44 수소 연료전지 자동차의 특징

① 생산적인 측면에서 스택 및 주변 운전 장치 등의 부품수가 2만~3만개로 일반 내연기관의 35~40[%] 수준의 전기차 대비 부품수가 내연기관과 비슷하며, 스택 공급업체에 대한 의존도가 높고 엔진 및 트랜스미션이 없으므로 이 공간에 스택, 이차전지, 수소 연료저장 탱크 등을 배치하여 기존 섀시 프레임의 활용이 가능하다.

② 주행적인 측면에서 에너지 밀도가 높아 충전시간(5분 이내)이 전기 자동차에 비해 월등히 빠르고 주행거리(600[km] 이상)가 길어 운행 여 건이 우수하나 전기자동차에 비해 출력이 다소 떨어진다.

③ 충전인프라 측면에서 수소 충전소 설치비용이 20~30억 원 수준으로 고가이고, 아직까지 수소충전소가 많지 않아 활동적인 운행에 제한적임.

자동차정비 기능장

필답형

전기장치의 기능 및 특징

part Ⅱ. 전기장치

01 전기회로를 설계할 때 배선의 단면적과 관련한 고려사항

① 허용전류
② 배선저항

02 전기장치에서 복선식 배선을 사용하는 이유

비교적 큰 전류가 흐르는 회로에 주로 사용되며, 접촉 불량 등으로 인한 전기 장치의 작동불량의 발생을 방지하기 위함으로, 접지 배선을 프레임에 확실하게 고정시켜 접지하는 방식

03 전기 배선 점검 시 주의사항

① 규정된 용량의 전기 배선을 사용한다.
② 전원 확인 시 고압 케이블의 의한 감전에 주의한다.
③ 단선 및 저항 점검 시 점화스위치를 OFF하고 배터리 (-)단자를 탈거한 상태에서 점검한다.

04 전기회로에서 접촉저항을 감소시키는 방법

① 접촉 면적과 접촉 압력을 크게 한다.
② 배선 수리 시 같은 굵기의 전선을 사용한다.
③ 전선을 연결할 때 납땜을 한다.
④ 접점을 깨끗이 청소한다.
⑤ 단자를 도금하고, 단자 설치 시 와셔를 사용한다.
⑥ 단자에 볼트, 너트로 체결할 경우 조임을 확실하게 한다.

05 배선 커넥터가 녹는 원인

① 정격용량보다 큰 퓨즈를 사용한 경우
② 전기적인 부하가 커서 과도한 전류가 흐르는 경우
③ 회로 내 배선이 접지와 쇼트된 경우

06 포토 다이오드를 사용하는 센서

① 오토 에어컨 일사량 감지센서
② 배전기의 No.1 TDC센서
③ 배전기의 크랭크각 센서
④ 조향 휠 각속도 센서
⑤ 헤드라이트 하향등 전환장치
⑥ 미등, 번호등 자동점등장치

07 트랜지스터의 특징

① 베이스 전류의 크기를 제어하므로 부하 전류를 제어할 수 있다.
② 접점의 채터링 현상이 없다.
③ 기계적 손실이 없고 작동이 안정적이다.
④ 극히 소형이고 가볍다.
⑤ 예열 시간을 요하지 않는다.
⑥ 전력손실이 적다.
⑦ 스위칭 속도가 빠르다.

08 공전 시 아이들 업 되는 경우

① 에어컨 스위치 ON 시
② 변속레버가 D레인지에 위치해 있을 때
③ 안개등, 헤드라이트 점등 시
④ 파워스티어링 작동 시
⑤ 냉각팬, 콘덴서 팬 작동 시

09 시동불량의 전기적인 원인

① 부정확한 점화시기
② 점화플러그(스파크 플러그) 불량
③ 하이텐션 코드(고압선) 불량
④ 점화코일 불량
⑤ 파워 트랜지스터 불량
⑥ 점화 와이어링(하네스) 불량

10 듀티 제어

주파수 1사이클을 100[%]로 하여 ON, OFF에 따른 전압(신호)을 비율로 나타내며, 솔레노이드 코일에 통전율로 제어하는 것.

1주기에서 듀티가 차지하는 비율로 전압의 경우 (+)듀티가 전압을 공급받는 비율이며, 신호의 경우 (-)듀티는 신호"0", (+)듀티는 신호"1"을 의미함.

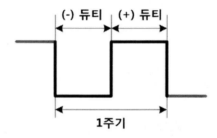

11 자동차에서 듀티로 제어되는 부품(듀티로 제어되는 장치)

① 아이들 스피드 액추에이터(ISA, ISC)
② 증발가스 솔레노이드 밸브(PCSV)
③ 배기가스 재순환 밸브(EGR)
④ 메인 듀티 및 슬로 듀티 솔레노이드 밸브
⑤ 자동변속기의 DCCSV 외

12 클럭 스프링 작업공정

① 클럭 스프링을 무리한 힘을 가하지 않은 상태로 시계방향으로 최대한 회전시킨다.
② 왼쪽으로 2.4~3 바퀴 정도 회전시킨다.
③ 시계반대방향과 시계방향과의 중립점을 맞춘다.
④ 에어백 모듈 커넥터를 확실히 체결한다.

13 홀센서 효과, 피에조 효과, 펠티에 효과

① 홀센서 효과 : 자기장속의 도체에서 자기장의 직각방향으로 전류가 흐르면 자기장과 전류 모두에 직각방향으로 전기장이 나타나는 형상으로 차속센서, 캠 센서 등의 회전수를 감지하는 센서에 사용된다.

② 피에조 효과 : 도체에 압력을 가하면 힘의 정도에 따라 전압이 발생하는 효과로 노크센서 등에서 압전 소자로 사용된다.

③ 펠티에 효과 : 두 종류의 도체를 결합하고 전류를 흘려보내면 한쪽의 접점이 발열되어 온도가 상승하고 반대쪽은 온도가 낮아지는 현상을 이용한 것으로 열전소자 등에 사용된다.

14 OBD-Ⅱ 시스템에서 ECU가 모니터링 하는 종류

① 연료공급 시스템 감시 기능
② 실화 감시기능
③ 산소센서 성능 감시기능
④ 증발가스 누설 감시기능
⑤ 촉매 고장 감시기능
⑥ 2차 공기공급시스템 감시 기능
⑦ EGR 감시 기능

15 SSB(Start Stop Button)의 PDM(전원분배모듈)이 작동시키는 릴레이의 종류

① ACC 릴레이
② IG1 릴레이
③ IG2 릴레이
④ 시동 릴레이

16 논리회로와 진리표

기 호	회로명	논리식	입 력		출력
			A	B	
	AND 논리곱	$Q = A \cdot B$	0	0	0
			0	1	0
			1	0	0
			1	1	1
	OR 논리합	$Q = A + B$	0	0	0
			0	1	1
			1	0	1
			1	1	1
	NOT 부정	$Q = \overline{A}$	0		1
			1		0
	NAND 논리곱의 부정	$Q = \overline{A \cdot B}$	0	0	1
			0	1	1
			1	0	1
			1	1	0
	NOR 논리합의 부정	$Q = \overline{A + B}$	0	0	1
			0	1	0
			1	0	0
			1	1	0
	XOR 배타적논리합	$Q = \overline{A}\,B + A\,\overline{B}$	0	0	0
			0	1	1
			1	0	1
			1	1	0

01 논리회로의 이해 1

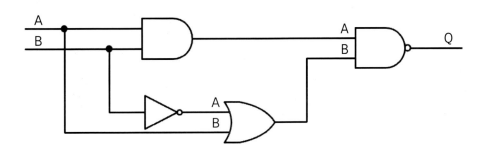

위의 논리회로에서 AND 입력에 따른 각각의 입·출력과 최종 출력 Q

AND			NOT		OR			NAND		
A	B	출력	입력	출력	A	B	출력	A	B	출력

AND 입력에 따라 NOT와 OR에 입력되는 값이 달라지고 NAND 입력에 따른 출력 값을 구하는 것으로 각 논리회로에 대한 이해를 요구한다. 해당 논리회로에 대한 결과 값은 아래와 같다.

AND			NOT		OR			NAND		
A	B	출력	입력	출력	A	B	출력	A	B	출력
0	0	0	0	1	1	0	1	0	1	1
0	1	0	1	0	0	0	0	0	0	1
1	0	0	0	1	1	1	1	0	1	1
1	1	1	1	0	0	1	1	1	1	0

02 논리회로의 이해 2

다음의 주차장 회로에서 3대의 차량이 주차되면 PHS1, 2, 3이 작동되어 만차 표시등이 점등되는 IC회로를 전원, 접지, TR, AND에 연결하고자 한다.

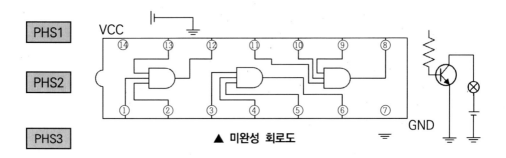

▲ 미완성 회로도

회로도에서 전원(VCC)은 14번 단자에 연결이 될 것이고, 접지(GND) 는 7번 단자에 연결이 될 것이다. 회로도의 AND에 선이 3개 연결이 되어 있고 이는 3개의 신호에 모두 1이 입력되어야만 TR이 구동되고 만차 표시등이 점등되므로 3개의 AND 중 어느 1개의 AND에 PHS 1, 2, 3이 모두 연결되어야 한다. 따라서 가장 가까이 있는 AND에 연결하면 될 것이다. 또한 PHS에 연결된 AND가 출력이 될 때 TR이 구동된다는 것을 알 수 있다. 따라서 회로를 완성하면 아래와 같다.

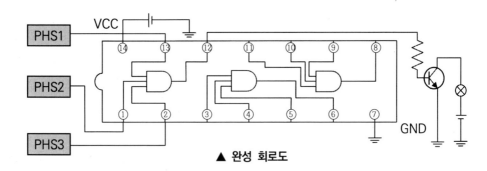

▲ 완성 회로도

17 소자의 기호와 설명

명 칭		기 호	설 명
부특성 서미스터			NTC 서미스터로 온도와 저항이 반비례하는 소자로서 냉각수온센서, 흡기온센서, 실내온도센서, 배기가스 온도센서 등에 사용된다.
다이오드	다이오드		전기회로에서 한쪽 방향으로만 전류가 흐르도록 하는 소자로 회로보호용으로 사용된다.
	발광 다이오드		전계발광효과를 이용하여 순방향으로 전압을 인가하면 발광하는 다이오드로 LED라고도 하며, 전구용, 신호용 등으로 사용된다.
	수광 다이오드		빛(광)을 검출하는 회로에 사용하는 소자로 주로 회전수 검출, 리모콘 수신부 등에 사용된다.
	제너다이오드		역방향으로 일정 전압 이상을 가했을 때 전류가 흐르는 특성을 가지고 있으며, 전압레귤레이터에 주로 사용된다.
트랜지스터	NPN 트랜지스터		NPN의 경우 C-B-E로, PNP의 경우 E-B-C로 전류가 흐른다. 이때 Base에 흐르는 미세한 전류가 C와 E를 연결하여 큰 전류가 흐를 수 있도록 하므로 증폭작용과 전류의 흐름을 연결하거나 차단하므로 스위칭 작용을 한다. · Collector('모은다'라는 뜻) · Base('기초'라는 뜻) · Emitter('내보낸다'라는 뜻)
	PNP 트랜지스터		

18 전기회로

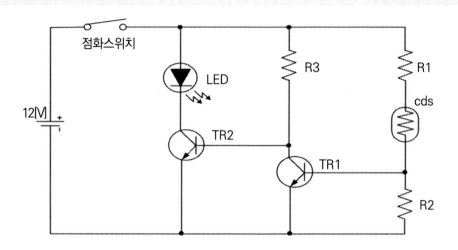

19 주간 주행시(밝은 경우)

배터리 전원이 점화스위치를 거쳐 R1을 지나 cds로 흐른다. 이때 cds의 저항
은 비교적 낮아 일부는 R2를 통해 접지로 흐르며 일부가 TR1의 베이스로 흘
러 R3를 거친 전류가 TR1을 통해 접지로 흐른다. 따라서 TR2가 연결되지
못하므로 LED를 거친 전류가 TR2의 컬렉터에 머물러 있다.

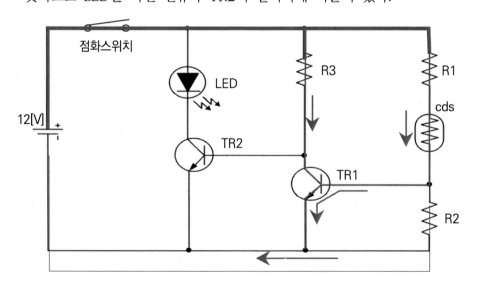

20 야간 주행시(어두운 경우)

배터리 전원이 점화스위치를 거쳐 R1을 지난 전류는 cds의 저항이 커지면서 더 이상 흐르지 못하고 R3 저항을 거친 전류가 TR1의 OFF로 TR2의 베이스로 흐르게 되어 TR2가 ON이 되면서 LED를 거쳐 머물고 있던 전류가 TR2를 통해 접지로 흐르면서 LED가 점등된다.

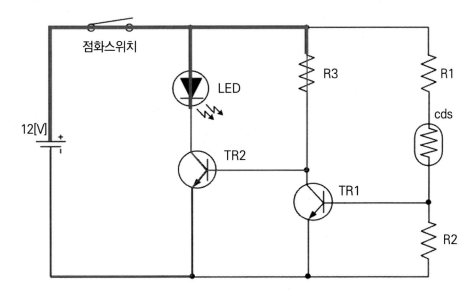

21 전압측정

ECU내부에서 1[kΩ]의 고정저항을 두고 5[V]의 전압을 냉각수 온도센서에 공급하고 있다. 이때 냉각수 온도센서의 저항이 2,500[Ω]일 경우 냉각수온센서의 출력 전압[V]은?

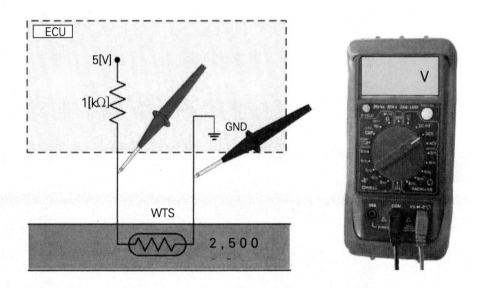

① 회로에 주어진 전압 : 5[V]

② 냉각수온센서의 직렬에 대한 합성저항 : $1,000[\Omega] + 2,500[\Omega] = 3,500[\Omega]$

③ 회로 내 전류 : $I = \dfrac{5V}{3.5} \approx 1.43[A]$

④ 냉각수온센서의 출력 전압 : $V = 1.43 \times 2.5 = 3.57[V]$

22 회로 내 전류의 계산

다음 회로의 전체 전류와 각 저항에 흐르는 전류[A]를 구해보자.

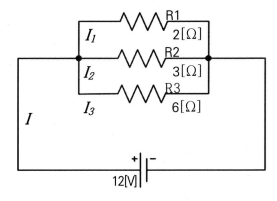

전압과 각 저항이 주어졌으므로 전류를 알기위해서는 병렬에 대한 합성저항을 구해야 한다.

$$\text{합성저항 } R = \cfrac{1}{\cfrac{1}{R_1}+\cfrac{1}{R_2}+\cfrac{1}{R_3}} = \cfrac{1}{\cfrac{1}{2}+\cfrac{1}{3}+\cfrac{1}{6}}$$

통분하면 다음과 같고,

$$R = \cfrac{1}{\cfrac{18}{36}+\cfrac{12}{36}+\cfrac{6}{36}} \quad \text{이를 다시 약분하면}$$

$$R = \cfrac{1}{\cfrac{3+2+1}{6}} = \cfrac{6}{6} = 1 \text{이 된다.}$$

전체 합성저항 : $1[\Omega]$

회로 내 전체 전류 : $I = \cfrac{E}{R} = \cfrac{12}{1} = 12[\text{A}]$

각 저항에 걸리는 전류 : $I_1 = \cfrac{12}{2} = 6[\text{A}], \quad I_2 = \cfrac{12}{3} = 4[\text{A}], \quad I_3 = \cfrac{12}{6} = 2[\text{A}]$

23 제어장치에서 스위치의 작동을 검출하는 3가지 방법

01 풀업 저항방식

플로팅현상을 방지하기 위하여 제어장치내부에서 5[V]의 전압을 걸어주고 그 아랫단에 저항을 두어 스위치가 열린 상태(OFF)에서 입력핀으로 5[V]가 걸리며, 스위치가 닫히면(ON) 0[V]가 입력된다.

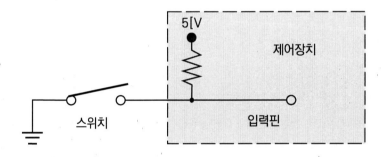

02 풀다운 저항방식

제어장치의 외부에서 입력되는 스위치의 검출을 위해 제어장치 내부에 풀다운 저항을 두어 스위치가 OFF이면 0[V]를, 스위치가 ON일 경우 12[V]를 공급받아 스위치의 ON/OFF 상태를 검출한다.

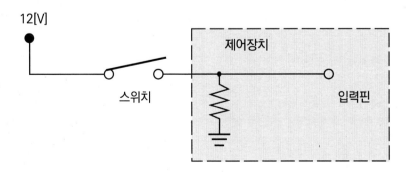

 스트로브 방식

제어장치내부에서 일정한 펄스를 출력을 하여 출력한 펄스가 그대로 입력핀을 통하여 입력이 되면 스위치 OFF를, 일정시간 동안 펄스 출력이 입력되지 않을 경우 스위치 ON으로 인식한다.

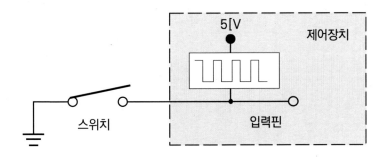

24 기동전동기의 최소 회전력

$$\text{크랭크축 회전력} \times \frac{\text{기동전동기의 피니언 기어 잇수}}{\text{기동전동기의 링 기어 잇수}}$$

 1

기동전동기의 링기어 잇수 113, 피니언 잇수 9, 엔진 회전저항 8[kgf·m]의 2,000[cc] 승용자동차의 기동전동기 필요 최소 회전력[kgf·m]은?

풀이 $8 \times \dfrac{9}{113} = 0.64[\text{kg·m}]$

25 점화시기

$$점화시기(착화시기) = \frac{360° \times rpm \times t}{60} = 6Rt$$

여기서, R : 엔진회전수[rpm]

T : 점화시간(착화지연시간) [s]

문제 1

디젤기관이 2,000[rpm]으로 운전되고 있을 때, 착화지연기간이 1/1,000 초, 착화 후 최고 압력에 도달할 때까지의 시간이 1/1,000초일 경우 이 기관의 착화시기는? 단, 최고 폭발압력은 상사점 후 12°이다.

풀이 계산에 필요한 요소는 엔진회전수(2,000[rpm])와 착화지연시간으로 문제에서는 착화지연기간인 1/1,000초이다.

$$점화시기 = 6 \times 2,000 \times \frac{1}{1,000} = 12°$$

26 점화코일의 2차 전압

$$E_2 = \frac{N_2}{N_1} \times E_1$$

여기서, E_2 : 2차 전압

E_1 : 1차 전압

N_1 : 1차 코일의 권수

N_2 : 2차 코일의 권수

27 한 실린더에 주어지는 캠각

$$캠각 = \frac{360}{기통수} \times 60[\%]$$

28 파형에 의한 캠각

$$캠각 = \frac{캠각\,길이}{파형\,전체\,길이} \times \frac{360}{기통수}$$

문제 1

6실린더 기관의 점화 파형에 대한 캠각의 계산

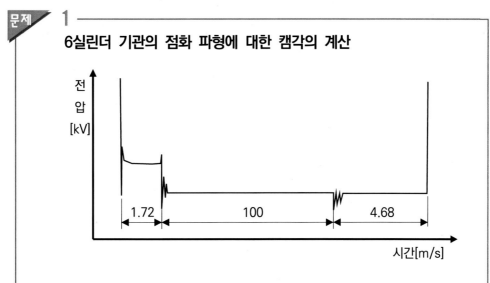

풀이 파형의 전체 길이(시간) 106.4[ms], 캠각 길이(시간) 100[ms], 6실린더이므로

$$캠각 = \frac{100}{106.4} \times \frac{360}{6} = 56.4°$$

기동장치

01 기동 전동기 무부하 시험 시 준비부품

① 전류계
② 전압계
③ 회전속도계
④ 가변저항
⑤ 축전지

02 크랭킹 시 크랭킹 전류가 규정 값보다 높을 때의 원인

① 전기자 축의 휨
② 전기자 또는 계자가 접지됨
③ 베어링의 윤활부족에 의한 부하 증가

03 기동전동기의 회전이 느린 원인

① 배터리 전압이 낮은 경우
② 전기자 또는 계자코일의 단락, 접지
③ 전기자와 계자철심 간 단락

④ 배터리 접속 케이블의 부식, 접속 불량

⑤ 베어링 윤활 불량

⑥ 전기자 축의 휨

⑦ 메인 접점, 브러시 소손 및 접촉 불량

04 기동모터는 회전을 하나, 피니언 기어가 플라이휠의 링 기어에 물리지 않는 이유

① 마그넷 스위치 불량

② 오버러닝 클러치 불량

③ 피니언 기어 과다마모

④ 플라이휠의 링기어 과다 마모

05 기동전동기의 회로 시험

① 전기자 시험

② 계철 시험

③ 브러시 점검

06 기동전동기의 계측기 시험의 종류

① 무부하 시험

② 회전력 시험

③ 고정 시험

3 점화장치

part Ⅱ. 전기장치

01 점화 1차 파형불량 원인

① 점화코일 불량
② 파워TR 불량
③ 엔진 ECU 접지 및 전원 불량
④ 파워TR 베이스 신호 불량
⑤ 배선 열화 및 접촉 불량

02 점화파형에서 서지전압이 높게 나오는 원인

① 플러그 간극 과대
② 하이텐션 코드 절손
③ 배전기 캡 불량
④ 점화타이밍 늦음
⑤ 혼합기 희박
⑥ 압축압력 증대
⑦ 연소실 온도 낮음

03 플러그의 소염작용

점화플러그의 전극에서 불꽃을 방전하면 가솔린의 작은 입자에 불이 붙어 작은 화염핵이 되고, 이 화염핵의 열을 점화플러그의 전극에서 흡수하여 화염을 꺼버리는 현상으로 화염이 계속 진행되지 못하게 되는 현상.

04 점화플러그

① 열가 : 점화플러그의 열방산 정도를 나타낸 것.
점화플러그에 카본의 누적이 많을 경우 열형으로, 운전 중 조기 점화 및 열이 많이 받는 경우 냉형으로 교환하는 것이 바람직하다.
② 종류
   • 열형 플러그 : 저속에서 자기청정온도에 도달하고, 열방산 능력이 나빠 저압축비, 저속·저부하 용 엔진에 주로 사용되며, 수열면적이 크고 단열 경로가 길게 되어 있다.
   • 냉형 플러그 : 열방산 능력이 뛰어나 고압축비, 고속·고부하 차량의 엔진에 적합하며, 수열면적이 작고 단열경로가 짧다.
   • 중간형 플러그 : 냉형과 열

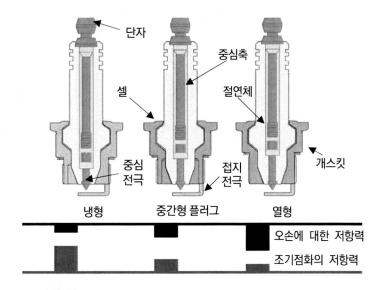

05 엔진의 성능 중 연소에 미치는 인자(화염전파 속도에 영향을 주는 요인)

① 연소실 형상
② 난류의 형태
③ 공연비
④ 연소실의 온도와 압력
⑤ 잔류가스의 비율

06 전자제어 점화장치에서 파워TR 고장 시 현상

① 엔진시동 불가
② 공회전 부조
③ 시동꺼짐
④ 주행 중 가속성능 저하
⑤ 연료소모 증가

07 가솔린 엔진의 연소실에서 화염전파거리를 단축하여 연소기간을 짧게 하기 위한 방법

① 연소실 형상을 콤팩트하게 한다.
② 점화플러그의 위치를 연소실 중심에 둔다.

08 DLI(Distributor Less Ignition) 점화장치에 대한 설명

① 배전방식 : 점화코일에서 배전기를 거치지 않고 직접 점화플러그에 배전한다.
② 1차 전류 단속방법 : ECU가 파워TR 베이스 신호를 ON-OFF하여 점화코일 1차 전류를 단속한다.
③ 점화시기 조정원리 : 엔진회전수, 엔진부하 등 각종 센서의 정보를 받아 ECU가 최적의 점화시기를 제어한다.

09 DLI(Distributor Less Ignition) 점화방식이 배전기 점화방식보다 나은 장점

① 배전기가 없으므로 전파 장해의 발생이 없다.
② 엔진의 회전속도에 상관없이 2차 전압이 안정된다.
③ 점화시기가 정확하고 점화성능이 우수하다.
④ 고전압이 감소되어도 유효 에너지의 감소가 없으므로 실화가 적다.
⑤ 진각의 폭에 제한을 받지 않으므로 내구성이 크다.
⑥ 실린더별로 점화시기 제어가 가능하다.

10 점화시기에 영향을 미치는 요인

① 연료의 옥탄가
② 엔진회전수
③ 엔진 부하상태

11 점화시기가 빠를 때와 늦을 때의 영향

① 점화시기가 빠를 때

- 노킹이 발생한다.
- 피스톤 헤드의 손상
- 피스톤 및 실린더 손상
- 엔진 수명 단축
- 엔진 출력감소

② 점화시기가 늦을 때

- 엔진 과열
- 엔진 출력 감소
- 실린더 벽 및 피스톤 스커드부의 손상
- 연료소비량 증가
- 배기관 카본누적

12 엔진 ECU로 입력되어 점화시기를 제어하는 센서

① AFS
② CKP(CAS)
③ WTS
④ BPS
⑤ 노킹센서

13 MBT(Minimum spark advance for Best Torque) 제어

연소실 내의 최대 연소압력을 부여하는 크랭크각은 엔진의 회전속도, 부하, 냉각수 온도 및 연소상태 등에 따라 달라지지 않고 거의 일정 하게 되는데, 엔진의 최대 폭발 압력시기는 엔진에 따라 다소 달라지나 압축상사점 후 15°부근으로 최대 토크를 얻기 위해 최적의 점화시기를 제어한다.

충전장치

01 축전지의 충, 방전 시 화학식

① 충전 시 : PbO_2(양극) + $2H_2SO_4$(전해액) + Pb(음극)

② 방전 시 : $PbSO_4$(양극) + $2H_2O$(전해액) + $PbSO_4$(음극)

02 배터리를 과충전시켰을 때 현상

① 가스발생에 의해 전해액의 감소가 빠르다.

② 배터리 케이스가 열에 의해 변형된다.

③ 배터리 단자가 쉽게 산화된다.

④ 극판이 단락되어 폭발우려가 있다.

⑤ 납 배터리에서는 과충전이 계속되면 수명이 짧아진다.

03 충전은 양호하나 크랭킹 저하 시 배터리 성능 확인방법

① 배터리 부하 시험(9.6[V] 이상)

② 배터리 무부하 시험(10.8[V] 이상)

③ 배터리 비중 측정

04 축전지 설페이션(황화현상, 유화현상, 영구 황산납)

① 정의 : 축전기를 장시간 사용하지 않을 경우 자기 방전으로 인하여 극판의 표면에 우유빛의 황산납 결정이 생기게 되고, 충전을 하여도 극판의 원래 상태로 되돌아가지 않아 사용할 수 없게 되는 상태.

② 원인
- 전해액 비중이 너무 높거나 낮을 때
- 불충분한 충전을 반복하였을 때
- 방전된 상태로 장기간 방치하였다.
- 전해액의 부족으로 극판이 노출되어 있을 때
- 극판의 단락이나 탈락
- 전해액에 불순물 유입되었을 때

05 발전기 충전 불량원인

① 전압 조정기 회로불량
② 구동벨트 장력의 헐거움
③ 부싱 및 슬립링 불량
④ 브러시와 슬립링의 접촉 불량
⑤ 스테이터 코일, 다이오드의 개회로
⑥ 배터리 노화, 전해액 부족
⑦ 배터리 터미널 접속 불량

06 급속충전방법

① 시간적인 여유가 없을 때 실시한다.

② 축전지 용량의 1/2로 충전한다.

③ 통풍이 잘되는 곳에서 충전한다.

④ 차에 설치한 상태에서 충전하지 않는다.

⑤ 병렬 충전을 하지 않는다.

⑥ 충전 중 충격을 주지 않는다.

⑦ 충전시간을 짧게 한다.

⑧ 전해액의 온도가 45[℃] 이상 상승되지 않도록 한다.

⑨ 차량에서 충전할 수밖에 없는 경우 (+)와 (-)의 양 터미널을 완전히 분리하고 극성에 맞게 연결한다.

07 AGM 배터리

아주 얇은 유리섬유로 된 특수매트가 배터리 연판들 사이에 놓여있어 모든 전해액을 잡아주고 높은 접촉압력이 활성물질의 손실을 최소화 하면서 내부저항을 극도로 낮게 유지되며 전해액과 연판재료 사이의 반응이 빨라져 까다로운 상황보다 많은 양의 에너지가 전달되도록 한 것을 AGM 배터리라고 한다.

AC발전기의 스테이터 코일에서 발생하는 (임피던스)에 의해 최대 출력에 제한을 받기 때문에 전압조정기가 필요하게 되고 컷 아웃릴레이는 실리콘 다이오드가 역방향 흐름을 방지하기 하므로 필요 없게 되었다.

08 교류발전기의 특징

① 소형 경량으로 출력이 크다.
② 저속에서 충전 성능이 우수하다.
③ 내구성 및 고속회전 성능이 우수하다.
④ 잡음이 적다.
⑤ 전압조정기가 필요 없다.

09 배터리 센서로 얻는 정보와 목적

배터리의 전압, 전류, 온도 등의 정보를 통해서 발전기를 통한 발전제어를 하는 목적으로 사용된다.

① **발전제어 시스템** : 가속 또는 감속 등 차량의 운전조건 및 전기 부하, 배터리 충전상태 등에 따라 ECM에서 발전기의 발전 전압을 제어하여 연비의 개선과 최적의 배터리 충전 상태를 유지하기 위하여 충전제어, 방전제어, 정상제어 등을 수행한다.

- 방전제어 : 가속 시 배터리의 전력을 소비하고 발전기의 전압을 낮추어 부하를 줄임.
- 충전제어 : 감속 시 발전전압을 높이고 가속 시 소비된 배터리의 전압을 보충함.

② **표면전압** : 배터리 충전 시 배터리 내부 전해액의 온도가 상승되면서 전해액의 화학적 반응으로 배터리 전압이 과도하게 상승되는 전압으로 완전 충전을 하지 않는 경우 표면전압은 높으나 CCA 용량이 떨어지며, 표면전압은 충전 후 약 1일 이후에 안정된다.

③ CCA(Cold Cranking Ampere) : 저온 시동전류로 완전 충전된 배터리를 -18[℃]에서 7.2[V] 이상의 전압을 유지하며 30초간 배터리가 공급할 수 있는 전류

④ RC(Reserve Capacity) 보존용량 : 25[℃]의 온도에서 최소 터미널의 전압이 10.5[V]를 유지하며 배터리가 25[A]를 공급할 수 있는 총 시간

10 배터리 단자 타입에 따른 분류

① DIN(Deutsche Industric Normen) : 단자 함몰형
단자 돌출형(BCI)의 단자 높이까지 차지하는 면적가까이 용량을
더 크게 만들 수 있다.

② BCI(Battery Council International) : 단자 돌출형

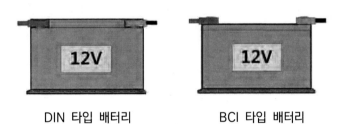

DIN 타입 배터리   BCI 타입 배터리

등화장치

part Ⅱ. 전기장치

01 전기적 에너지를 빛으로 변환시키는 발광 다이오드의 특징

① 수명이 백열전구의 10배 이상으로 반영구적이다.

② 낮은 전압(2~3[V])에서도 발광 작용을 한다.

③ 소비전력이 0.05[W] 정도로 낮으며, 전류는 10[mA] 정도이다.

02 헤드라이트 소켓이 녹는 원인

① 규정보다 큰 용량의 퓨즈 사용

② 높은 광도를 위한 불량 전구사용으로 인한 과열

③ 전기회로의 합선 또는 단락

④ 커넥터 접촉 불량

⑤ 정격용량보다 적은 배선 사용 시

03 전조등 광도 불량 원인

① 반사경 불량
② 전구 불량
③ 렌즈 불량
④ 축전지 성능 저하
⑤ 발전기 불량

04 전조등 밝기에 영향을 미치는 요소(전조등 밝기가 어두워지는 원인)

① 발전기 충전 불량
② 전조등 반사경, 렌즈의 불량 및 이물질 유입
③ 배터리 성능 저하
④ 전조등 규격 미달, 필라멘트의 노후, 벌브의 노후
⑤ 전조등 회로 접촉 저항 과대

05 점멸등이 느리게 작동되는 원인

① 플래셔 유닛 불량
② 전구접지 불량
③ 축전지 용량 저하
④ 퓨즈, 배선 접촉 불량

06 자동차의 전구가 자주 끊어지는 원인

① 전구의 용량이 적을 때

② 전구 자체의 결함 또는 회로의 결함으로 과대 전류가 흐를 때

③ 과충전으로 인한 과대 전류가 전구에 흐를 때

07 방향지시등의 좌우 점멸횟수가 다른 이유(점등되지 않는 이유)

① 전구 하나가 단선 시

② 방향지시등 릴레이 불량(플래셔 유닛 불량)

③ 전구의 용량이 서로 다른 경우

08 스태틱 밴딩 라이트(코너링 램프)와 다이내믹 밴딩 라이트

① 스태틱 밴딩 라이트 : 별도의 라이트를 점등시켜 코너구간의 시야를 확보해 준다.

② 다이내믹 밴딩 라이트 : 헤드램프의 각도를 조절시켜 진행방향의 시야를 확보 한다.

09 주행상태, 도로조건, 조명상태 등에 대응하여 전조등의 조사방향을 상하, 좌우로 제어할 수 있는 오토 전조등의 조사각도와 관련된 부품

① 조향각 센서

② 스텝모터

③ ECU

냉난방 장치

part Ⅱ. 전기장치

01 에어컨 시스템 부품 교환 시 주의사항

① 수분이 함유된 냉동유가 시스템에 혼입되면 컴프레서의 수명 단축 및 에어컨 성능이 저하된다. 따라서 냉동유에 수분이 들어가지 않도록 주의한다.

② 연결부 오링의 유무 및 파손 여부를 점검한다.

③ 작업 전 오링부위에 냉동유를 반드시 도포한다.

④ 볼트나 너트는 규정된 토크로 체결하고 호스의 뒤틀림이 없어야 한다.

⑤ 호스 및 부품의 보호 캡은 작업 직전에 분리하고 파이프 한쪽을 밀면서 너트와 볼트를 체결한다.

⑥ 작업 중 보안경을 착용하고 냉매가 피부에 닿지 않도록 한다.

02 냉매의 구비조건

① 증발잠열이 클 것

② 임계온도가 높을 것

③ 비점 및 응축압력이 적당히 낮을 것

④ 비체적이 클 것

⑤ 전기 절연성이 좋을 것

⑥ 부식성이 적을 것

⑦ 누설감지가 쉬울 것

⑧ 인화성과 폭발성이 없을 것

03 리시버 드라이버의 기능

① 냉매의 이물질 제거
② 냉매의 수분 제거
③ 냉매의 기포 제거
④ 냉매의 저장 기능
⑤ 압력스위치를 이용한 냉매의 압력감지

04 에어컨 시스템에서 듀얼 압력스위치 작동

시스템내의 압력이 너무 낮거나 높을 때 에어컨 릴레이 전원을 차단하여 컴프레서 및 시스템을 보호하는 역할

05 에어컨 컨트롤러에 입력되는 신호

① 내기 센서
② 외기 센서
③ 일사량 센서
④ 온도조절 스위치
⑤ 에어컨 스위치
⑥ 송풍기 스위치
⑦ 배출구 모드 스위치
⑧ 흡입구 선택 스위치
⑨ AUTO 스위치

06 에어컨에 사용되는 센서와 기능 (FATC 에어컨 컨트롤 유닛에 입력되는 센서와 기능)

① 외기온도 센서 : 실외의 온도 감지
② 내기온도 센서 : 실내의 온도 감지
③ 일사 센서 : 일사량 감지
④ 수온 센서 : 엔진의 냉각수 온도를 감지하여 과열 시 에어컨 컴프레서를 OFF하여 에어컨 컴프레서를 보호
⑤ 핀 센서 : 에바포레이터의 온도를 감지하여 동결 방지

07 에어컨 냉매오일 취급 시 주의사항

① 차체에 묻지 않도록 한다.
② 피부에 닿지 않게 한다.
③ 규정용량의 냉매오일을 교환한다.
④ 냉매오일 교환 시 규정된 오일로 교환한다.

08 에어컨 냉매는 정상이나 컴프레서가 작동하지 않는 원인

① 에어컨 스위치 고장에 의한 ECU로 신호가 입력되지 않음
② 에어컨 릴레이 결함
③ 컴프레서 전원선 공급 불량
④ 에어컨 압력 스위치 불량으로 인한 ECU로 신호가 입력되지 않음
⑤ 컴프레서 구동벨트의 이완 또는 미끄러짐
⑥ 핀 센서 불량
⑦ 트리플 스위치 불량
⑧ 엔진의 온도가 규정 값보다 높을 때

09 에어컨을 점검한 결과 냉매량이 과도하였다. 이에 대한 물음에 답하시오.

Q1 고압 파이프의 상태를 간략하게 쓰시오.

↦ 비정상적으로 뜨겁다.

Q2 고압 및 저압의 게이지 상태를 쓰시오.

↦ 고압 및 저압 게이지의 압력 상태가 정상 값보다 높다.

에어백

01 에어백 시스템의 주요 구성품

① 에어백 ECU

② 에어백 모듈

③ 프리텐셔너

④ 충격센서(임팩트 센서)

⑤ 클럭스프링

⑥ 승객유무감지 센서

02 에어백 전개 시 교환부품

① 에어백 ECU

② 에어백 모듈

③ 프리텐셔너

④ 충격센서(임팩트 센서)

⑤ 클럭스프링 및 배선

03 에어백 장치(모듈) 정비 시 주의사항

① 배터리(-)단자 탈거 후 30초 이상 지나서 정비할 것
② 손상된 배선은 수리하지 말고 교환할 것
③ 점화회로에 수분, 이물질이 묻지 않도록 주의할 것
④ 주위 온도가 100[℃] 이상 되지 않도록 할 것
⑤ 진단 유닛 단자 간 저항측정이나 테스터 단자를 직접 단자에 접속하지 말 것
⑥ 탈거 후 에어백 모듈의 커버 면이 항상 위쪽으로 향하도록 보관할 것
⑦ 임펙트 센서에 충격을 가하거나 분해하지 말 것

04 에어백 시스템의 ECU 주요 기능

① 비상 전원 기능
② 자기진단 기능
③ 충격 감지 기능
④ DC - DC 컨버터 기능

05 에어백 인플레이터의 구성요소

① 화약 점화제
② 가스 발생제(질소)
③ 필터

통신 및 제어

01 ECU에 입력되는 신호

① 크랭크각 센서(CKP, CKPS, CAS, No.1 TDC)

② 캠포지션 센서(CMP, CMPS)

③ 흡입공기량 센서(AFS)

④ 냉각수온 센서(WTS)

⑤ 대기압 센서(BPS)

⑥ 노크 센서

02 후진 경고장치(백 워닝)의 주요기능

① 초음파 센서를 통한 후방의 물체 감지기능

② 부저를 통한 물체와의 거리에 따른 경보 제어기능

③ 표시창을 통한 감지된 물체의 방향 표시기능

④ 부저 또는 진단 장비를 통한 자기진단 기능

03 도난방지장치의 입력요소

① 도어스위치

② 후드스위치

③ 트렁크스위치

04 자동차에 사용되는 마이크로컴퓨터의 종류와 역할

① ECU : 엔진 전자제어 장치

② TCU : 자동변속기 전자제어 장치

③ BCM : 바디전장(편의장치) 전자제어 장치

④ FATC : 풀 오토에어컨 전자제어 장치

05 CAN통신

① High CAN(고속 CAN) : 파워트레인인 P-CAN, 섀시장치에 적용되는 C-CAN 등으로 한 선이 단선되면 통신 불량이 발생한다.

② 안전과 관련한 제어 목적 등 신속하게 신호를 송수신하는 정보에는 High-CAN을 사용한다.

③ LOW CAN(저속 CAN) : 바디전장과 관련한 B-CAN, 멀티미디어 등과 관련된 M-CAN 등으로 통신선의 한 선이 단선되거나 접촉 불량이 발생하는 경우 통신 속도가 저하되거나 통신 데이터에 오류가 발생한다.

06 CAN 통신의 특징과 구조

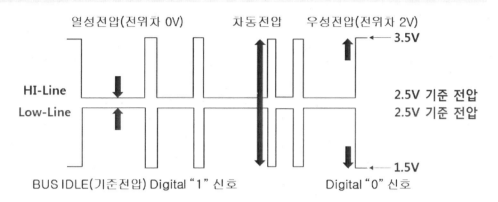

OBD 자기진단 단자의 3번과 11번 단자(고속 CAN)에서 CAN High와 Low Line을 동시에 점검하여 기준 전압인 2.5[V]를 기준으로 BUS IDLE 상태 (Digital "1")에서 High 신호는 3.5[V]로 상승되고 Low 신호는 1.5[V]로 하강 하여 High와 Low 시그널 전압차가 2[V]가 발생하게 되면 "0"을 감지하게 된다. CAN 통신에서 6Bit 이상 "0" 신호가 연속하여 발생되면 고장으로 판정한다. 1Bit는 프레임 시작을 알리는 "SOF"(Start Of Frame)가 발생한 시간을 구하 여 판별한다.

차동전압은 고속 CAN에서 전압의 차를 통하여 만들어지며 단선 등으로 차동 전압이 형성되지 않게 되면 전체 시스템의 통신이 불가능해 질 수 있다.

B-CAN과 C-CAN의 비교			차량에서 통신을 사용하는 이유
구분	B-CAN	C-CAN	• 효율적으로 많은 기능에 대한 수행이 가능하며 시스템의 구축이 용이함. • 와이어링의 저감과 입력 신호를 감소 하여 배선의 경량화에 따른 연비 향상. • 커넥터 수의 대폭 감소를 통한 고장 요소를 줄임과 동시에 그에 따른 비용 저감 및 연비의 향상과 신뢰성 향상. • 통신라인을 통한 고장 진단으로 진단 장비의 활성성 향상
통신 표준	ISO 11898-1 ISO 11898-3	ISO 11898-2 ISO 11898-5	
통신 주체	multi-masta	multi-masta	
통신 속도	100[kbit/s]	500[kbit/s]	
통신 라인	2선	2선	
bit time	10[μs]	2[μs]	
적용 분야	바디전장	파워트레인	
기준 전압	5[V]	2.5[V]	
특징	1선 통신 가능	통신 고장에 민감	

07 LIN 통신

LIN 통신은 간단한 정보의 전송에 주로 사용되며 Master와 Slave로 구성되어 Master의 통신 시작 요구에 따라 Slave가 응답을 하는 구조로 되어 있다.

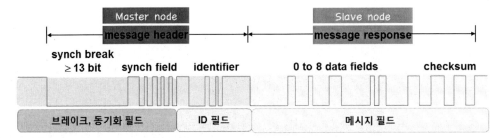

① Sync break field : 모든 노드에 통신 시작을 알리는 역할로 최소 13 bit 이상이다.

② Sync field : 마스터 태스크가 전송하는 두 번째 필드로서, 문자 0x55(hex)로 시작하고 자동보드 속도 감지를 수행하는 slave가 보드 속도의 주기를 측정할 수 있으며, 버스와 동기화하기 위해 내부 보드 속도를 조정한다.

③ Identifier : LIN 버스는 ID 0 ~ 59는 신호 데이터, 60 ~ 61는 진단 데이터로 총 64개의 ID를 사용할 수 있다.

식별자(id)필드는 어떤 슬레이브(노드)가 해당 메시지를 어떻게 해야 할지(수신, 응답 전송, 무시)결정하는 필드로 구성된다.

구분	특성	적용 분야	
표준	LIN-BUS 표준	엔진	배터리 센서
통신 주체	Master/Slave		발전기
통신 속도	19.2[kbit/s]	바디 전장	BCM-멀티평션 스위치, 선루프, 후방 경보장치
통신 라인	1선		SJB-계기판, 도어모듈, SMK, BCM
bit time	50[μs]		도어 모듈-운전석, 운전석 리어, 동승석, 동승석 리어, 각 시트
기준 전압	12[V]		
Master	통신 속도의 정의, 동기 신호 전송, 데이터 모니터링, 슬립 모드와 웨이크업 모드 전환		
Slave	동기 신호 대기, 동기 신호를 이용한 동기화, 메시지에 대한 식별자 이해		
· 전압 범위 : 0~12[V] · 우성 전압(0) : 12[V] 전원전압의 20[%] 이하 · 열성 전압(1) : 12[V] 전원전압의 80[%] 이상			

08 CAN 저항 측정

CAN 통신라인은 노드(모듈)들을 주선으로 연결하고 ECM과 클러스터 모듈에 각각 120[Ω]의 종단 저항을 설치하여 반사파 신호 없이 일정하게 전류를 흘려보낸다.

지선은 주선에 연결되는 보조 와이어링으로서 지선의 길이는 보통 1M 이내이며, 주선의 길이는 보통 30M 이내이다.

CAN 저항을 측정하기 위해서는 측정차량의 배터리 (-)단자를 탈거하고 OBD-Ⅱ 자기진단 단자의 3번과 11번 단자에서 측정한다.

상태	저항값[Ω]	상태	저항값[Ω]
PCM 탈거시	110~120	단선 시	110~120
HIGH 라인 차체 접지시	60	HIGH·LOW 상호 단락시	0
LOW 라인 차체 접지시	60	HIGH·LOW 라인 차체 접지시	0
정상	60		

※ 배터리 상태 등에 따라 60±5[Ω] 측정됨

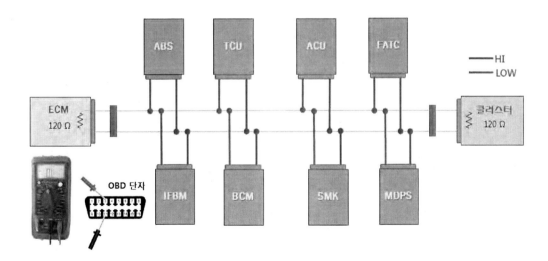

자동차정비 기능장

필답형

섀시는 자동차에서 동력을 발생시키는 기관을 제외한 나머지 부분이라고 해도 과언이 아닐 만큼 자동차에서 많은 비중을 차지한다.

기관의 동력을 받아 동력을 전달하는 클러치, 변속기에서 종적으로 타이어까지 구성된다. 최근 최첨단 주행 안전장치의 발전에 따라 혁신적인 기능들이 추가되고 있으며, 앞으로도 안전과 관련한 편의 장치는 계속 발전하게 될 것이다.

섀시의 구성 및 기능

01 엔진 출력이 일정한 조건에서 차속을 올리는 방법

① 변속비를 낮춘다.

② 종감속 기어를 낮춘다.

③ 차량 중량을 낮춘다.

④ 공기저항을 낮춘다.

⑤ 구름저항을 낮춘다.

02 FF방식의 장·단점

① 장점

• 실내 공간을 넓게 활용할 수 있다.

• 직진성이 양호하고 횡풍에 대한 안정성이 우수하다.

• 차량이 경량화되어 연료소비율이 향상된다.

• 뒤 현가장치의 성능향상이 가능하다.

• 추진축이 필요하지 않아 구동 손실이 적다.

• 제동시 안정성이 우수하다.

• 구조가 간단하다.

② 단점
- 차의 앞쪽에 중량이 편중되어 핸들이 무겁다.
- 토크의 변동이 곧바로 스티어링에 영향을 미친다.
- 회전 반경이 크다.
- 앞바퀴의 마모가 빠르다.
- 등판 시 구동력이 저하된다.
- 충돌 시 차체 손상율이 확대된다.

03 휠 밸런스 취급 시 주의사항(고려사항)

① 작업 전 보안경을 착용한다.
② 휠을 회전시키기 전에 타이어에 묻은 이물질을 제거한다.
③ 휠을 회전시키기 전에 안전 커버를 내린다.
④ 휠이 회전하는 동안 신체, 옷, 공구 등이 접촉되지 않도록 한다.
⑤ 휠이 완전히 정지된 상태에서 안전 커버를 올린다.

04 자동차 속도계의 지침이 오차가 발생하는 원인

① 차속 센서 불량
② 계기판 속도계 불량
③ 타이어가 규정보다 크거나 작을 때
④ 타이어의 공기압이 맞지 않을 때
⑤ 속도계 구동 기어나 피동기어의 과대한 마멸

05 첨단 운전자 보조시스템(ADAS_Advanced Driver Assistance System)

차량의 외부 환경 및 운전자 상태를 분석하여 주행 및 주차에 대한 시야를 확보하고, 경고 및 화면 표시, 가이드 하는 등의 역할을 수행하는 시스템.

06 ADAS의 시스템 종류

① 전방 충돌방지 보조장치(FCA)

② 운전자 주의 경고장치(DAW)

③ 후 측방 충돌 경고장치(BCW)

④ 후 측방 충돌방지 보조장치(BCA)

⑤ 차로 이탈방지 보조장치(LKA)

⑥ 차로 유지 보조장치(LFA)

⑦ 안전하차 보조장치(SEA)

⑧ 하이빔 보조장치(HBA)

⑨ 후 측방 모니터(BVM)

⑩ 고속도로 주행 보조장치(HDA)

⑪ 네비게이션 기반 스마트 크루즈 컨트롤(NSCC)

⑫ 스마트 크루즈 컨트롤(SCC)

⑬ 후방 모니터(RVM)

⑭ 서라운드 뷰 모니터(SVM)

⑮ 후방 교차 충돌방지 보조장치(RCCA)

⑯ 후방 교차 충돌 경고장치(RCCW)

⑰ 주차거리 경고장치(PDW)

⑱ 원격 스마트 주차 보조장치(RSPA)

07 주행저항의 5가지

① **구름저항** : 바퀴가 노면 위를 굴러갈 때 발생하는 저항

$$R_r = \mu r \cdot W$$

여기서, R_r : 구름저항

μ_r : 구름저항 계수

W : 차량 총중량[kgf]

③ **공기저항** : 운동하는 모든 물체는 공기에 의한 힘을 받으며, 진행 하는 방향의 반대로 작용하는 공기의 힘을 말한다.

$$R_a = \mu a \cdot A \cdot V^2$$

여기서, R_a : 공기저항

μ_a : 공기저항 계수

A : 투영면적[m²]

V : 자동차의 주행속도[km/h]

③ **구배저항** : 차량이 기울기의 각도를 가진 노면을 등판할 때 차량의 중량과 기울기 각도($\sin\theta$)에 의해 발생하는 저항이다.

$$R_g = \frac{W \cdot G}{100}$$

여기서, R_g : 구배저항

W : 차량 총중량[kgf]

G : 구배율[%]

④ **가속저항** : 자동차에 속도의 변화를 주는데 필요한 힘으로 자동차의 관성력 보다 커야 한다.

$$R_l = \frac{W + \triangle W}{g} \cdot a$$

여기서, R_l : 가속저항

W : 차량 총중량[kgf]

$\triangle W$: 회전부분 상당중량[kgf]

g : 중력가속도 [9.8m/sec^2]

a : 가속도 [m/sec^2]

⑤ 전 주행저항 : 자동차가 주행하면서 받는 모든 저항의 합

$$R = R_r + R_a + R_l + R_g$$

08 클러치 전달토크

$$T = F \cdot \mu \cdot r$$

여기서, T : 전달토크[kgf·m]

F : 전 압력(클러치 스프링 장력의 총합)[kgf]

μ : 마찰계수

r : 클러치판의 유효반경

09 전달효율

$$\eta = \frac{클러치에서\,나온\,동력}{클러치로\,들어간\,동력} \times 100[\%] = \frac{T^2 N^2}{T^1 N^1}$$

여기서, T_1 : 엔진 발생 회전력[kgf·m]

T_2 : 클러치 출력 회전력[kgf·m]

N_1 : 엔진 회전수[rpm]

N_2 : 클러치 출력 회전수[rpm]

10 클러치가 미끄러지지 않을 조건

$$T_s fr \geq T_e$$

여기서, T_s : 클러치 스프링의 장력

f : 클러치 판의 마찰계수

r : 클러치 판의 유효 반경

T_e : 엔진의 회전력

11 변속비

$$변속비(기어비) = \frac{부축기어}{입력축기어} \times \frac{출력축기어}{부축기어} = \frac{엔진 회전수}{추진축 회전수}$$

12 차속

$$V = \pi D \times \frac{N}{r+r_f} \times \frac{60}{100} [km/h]$$

여기서, N : 엔진 회전수[rpm]

D : 바퀴 직경[m]

r : 변속비

r_f : 종감속비

13 이동 거리

이동 거리＝속도×시간

 1

어느 가솔린 자동차가 500[m]를 통과하는데 20초가 걸렸다면 이 자동차의 속도[km/h]는?

풀이 주어진 값이 거리와 시간이므로 이동한 거리＝속도×시간의 식에서

$$속도 = \frac{이동한\ 거리}{시간}\ 로\ 구해야\ 하며,$$

주어진 단위가 [km/h]이므로 단위를 환산하여야 한다.

$$속도 = \frac{500[m] \times 3,600[s]}{20[s] \times 1,000[m]} = 90[km/h]$$

14 한쪽 바퀴의 회전수

 1

엔진회전수 2,500[rpm]인 자동차의 변속비가 1.5이고 종감속비가 5.2일 때 왼쪽 바퀴의 회전속도가 180[rpm]이라면 오른쪽 바퀴의 회전속도[rpm]는?

풀이 한쪽 바퀴의 회전속도 $= \dfrac{엔진\ 회전수}{변속비 \times 종감속비} \times 2 - 상대바퀴\ 회전수$

한쪽 바퀴의 회전속도 $= \dfrac{2,500}{1.5 \times 5.2} \times 2 - 180 = 461[rpm]$

15 감속비

총감속비=변속기 감속비×종감속 기어 감속비

 1

변속기의 감속비가 1.6이고 종감속 장치의 링 기어 잇수가 48, 구동 피니언 잇수가 6일 때 총 감속비는?

풀이 종감속비= $\dfrac{\text{링 기어 잇수}}{\text{구동 피니언 잇수}} = \dfrac{48}{6} = 8$

따라서, 변속기 감속비 1.6×종감속비 8=12.6

16 구동토크

구동토크=기관의 축 토크×총감속비×전달효율

17 구동력

$$\text{구동력}(F) = \dfrac{\text{구동토크}[\text{N}\cdot\text{m}]}{\text{구동바퀴의 유효반지름}[\text{m}]} = \dfrac{T}{R}[\text{N}\cdot\text{m}]$$

 1

자동차가 72[km/h]의 속도로 정속주행 할 때 주행저항이 112[kgf], 구동륜의 유효반경 50[cm]이다. 구동토크[kgf·m]는?

풀이 식을 대입하면,

구동토크 = 구동력×바퀴의 반경

= 112×0.5 = 56[kgf·m]

18 구동마력

$$구동마력 = \frac{F \cdot V}{\eta \times 75 \times 3.6} PS$$

 문제 1

자동차의 시속이 80[km/h]가 되도록 주행하려고 한다. 이때 엔진의 실마력[PS]은? 단, 전 주행저항은 75[kgf], 동력전달효율은 0.8이다.

풀이 식을 대입하면,

$$구동마력 = \frac{75 \cdot 80}{0.5 \times 75 \times 3.6} = 26.66[PS]$$

19 슬립비(slip ratio)

ABS 슬립비는 제동시 차량속도와 타이어의 속도의 비율을 말하며, 노면과 타이어 사이의 마찰력은 슬립률에 의해 변화된다. 타이어가 고정된 상태의 원주속도 "0"일 때가 슬립률 100[%]인 동적마찰 상태이며, 브레이크 작동 없이 주행하고 있는 상태가 슬립률 0[%]의 정적마찰 상태이다.

TCS 슬립비는 ABS 슬립비의 반대 개념으로 가속시에 바퀴와 노면사이에 발생하는 미끄러짐의 비율을 말한다.

$$ABS \text{ 슬립비 } S = \frac{V - V_w}{V} \times 100[\%]$$

$$TCS \text{ 슬립비 } S = \frac{V_w - V}{V_w} \times 100[\%]$$

여기서, V : 자동차의 속도

V_w : 바퀴의 회전수

20 공주거리

공주거리 $= v(\text{차량의 속도}) \times t(\text{공주시간})$

$\quad\quad\quad = \dfrac{V}{3.6} \times \text{공주시간}$

식의 이해

식에서 차량의 속도를 3.6으로 나누어 주는 것은 차량의 속도가 [km/h]이므로 이를 [m]로 환산하기 위해서이다.

21 제동거리

① 마찰계수가 주어진 경우 $L = \dfrac{V^2}{2\mu g}$

여기서, L : 제동거리[m]

$\quad\quad\quad V$: 제동 초속도[m/sec]

$\quad\quad\quad \mu$: 타이어와 노면의 마찰계수(포장도로에서 0.5~0.7)

$\quad\quad\quad g$: 중력 가속도 [9.8m/sec^2]

② 차량 총중량이 주어진 경우 $S = \dfrac{V^2}{254} \times \dfrac{W+W'}{F}$

여기서, S : 제동거리[m]

$\quad\quad\quad V$: 주행속도[km/h]

$\quad\quad\quad W$: 차량 총중량[kgf]

$\quad\quad\quad W'$: 회전부분 상당중량[kgf]

$\quad\quad\quad F$: 제동력[kgf]

식의 이해

공식에서 254가 되는 이유

초기 공식은 다음과 같다.

$$S = \frac{V^2}{2g(f \pm G)(3.6)^2} \ [\text{m}]$$

식에서 $2 \times 9.8 \times (3.6)^2$을 계산하면 254.016이 나온다.

따라서 소수점을 절사하여 254가 된다.

여기서, g : 중력가속도 [9.8m/sec]

f : 노면과 타이어의 마찰계수

G : 종단 구배(오르막의 경우 +, 내리막의 경우 −)

22 정지거리

정지거리=공주거리+제동거리

문제 1

시속 80[km/h]의 속도로 주행하는 자동차에 운전자가 위험을 감지하고 브레이크를 밟아서 브레이크가 작동되기 이전까지의 시간이 1초이다. 이 자동차의 정지거리[m]는? 단, 차량 총중량 1,600[kgf], 회전부분 상당중량 120[kgf], 제[동력, 전좌 : 280[k], 전우 : 228[kg], 후좌 : 180[kg], 후우 : 132[kg]이다.

 문제에서 주어진 값에 따라 공주거리와 제동거리식 (2)를 대입하면,

$$공주거리 = v(차량의 속도) \times t(공주시간)$$

$$= \frac{80}{3.6} \times 1 \approx 22.2[\text{m}]$$

$$S = \frac{V^2}{254} \times \frac{W+W'}{F} = \frac{80^2}{254} \times \frac{1,600+120}{280+228+180+132} \approx 52.8$$

정지거리=22.2+52.8=75[m]

23 최소회전반경

자동차가 조향각을 최대로 하고 선회하였을 때 최외측 바퀴가 그리는 원의 반경으로 법적으로 바깥쪽 앞바퀴 자국의 중심선을 따라 측정할 때 12M를 초과하면 안된다고 정의되어 있다.

$$R = \frac{L}{\sin\alpha} + r$$

여기서, L : 축거 [m]

$\sin\alpha$: 최외측 바퀴의 조향각

r : 바퀴 접지면 중심과 킹핀 중심과의 거리 [m]

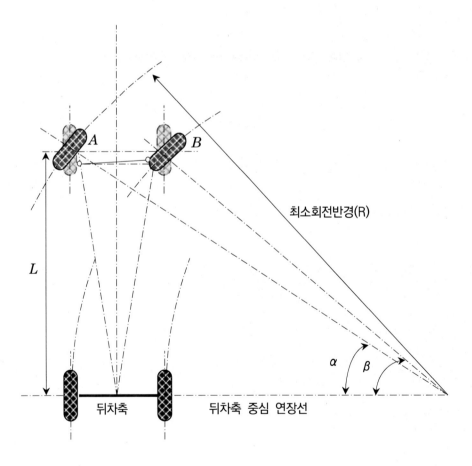

문제 1

자동차의 축간거리가 2.7[m], 조향각이 30°일 때 이 자동차의 최소 회전반경[m]은? 단, 바퀴의 접지면 중심과 킹핀과의 거리는 30[cm]이다.

풀이 식을 대입하면,

$$R = \frac{2.7}{\sin 30} + 0.3 = 5.7[m]$$

24 화물차의 하중

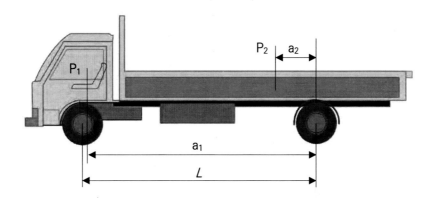

여기서, L : 축간거리

　　　　a_1 : 후륜과 좌석까지의 거리

　　　　a_2 : 후륜과 적재량 중심과의 거리(하대 중심)

　　　　P_1 : 승차원 중량

　　　　P_2 : 최대 적재량

① 적차시 전축중(W_f)

$$W_f = w_f + \frac{P1 \times a1 + P2 \times a2}{L}$$

② 적차시 후축중(W_r)

$$W_r = 차량총중량(W) - 적차시 전축중(W_f)$$

③ 적차시 전륜하중비율

$$적차시 전륜하중비율 = \frac{적차시 전륜하중}{차량총중량} \times 100$$

차량 총중량 $W = W_f + W_r + P1 + P2 + Pn$

여기서, P_n : 적재물 또는 승차인원의 하중

w_f : 공차시 전축중

w_r : 공차시 후축중

문제 1

화물자동차의 최대 적재량 3,050[kg], 공차 전축중 1,630[kg], 공차 후축중 1,100[kg], 하대 중심 400[mm], 축간거리 2,700[mm], 승차인원 3명일 때의 최대 적차시 후륜하중[kg]은?

풀이 문제를 풀기 위해서는 먼저 최대 적차시 전륜하중을 구해야 한다.

$$W_f = w_f + \frac{P1 \times a1 + P2 \times a2}{L}$$

$$= 1,630 + \frac{(65 \times 3) + (3,050 \times 400)}{2,700}$$

$$= 2,082\text{kg}$$

승차인원의 무게는 1인당 65[kg]으로 한다.

차량 총중량 = 1,630 + 1,100 + 3,050 + (65×3) = 5,975[kg]

최대 적차 시 후륜하정 = 5,975 - 2,082 = 3,983[kg]

동력전달장치

01 클러치 페달을 밟았을 때 소음발생 원인

① 클러치 페달의 유격이 적다
② 클러치 디스크 페이싱의 마멸이 심하다
③ 클러치 베어링의 마멸, 손상 또는 오일부족
④ 클러치 어셈블리, 릴리스 베어링 조립 불량

02 주행 중 클러치가 미끄러지는 원인

① 디스크 페이싱 재질 불량, 과대 마모, 오일부착
② 압력 스프링의 파손
③ 클러치 페달 조작기구의 불량
④ 클러치 페달 유격이 작거나 없을 때
⑤ 플라이휠 및 압력판의 표면 경화

03 **수동변속기의 클러치가 정상임에도 불구하고 변속 불량 원인**

① 변속레버 조정 불량
② 변속기 내부 싱크로메시 기구의 불량
③ 변속링크 불량
④ 인터록 불량

04 **수동변속기 차량이 주행 중 기어가 빠지는 원인**

① 변속레버 및 링크의 휨
② 시프트 포크의 휨, 레일의 마모
③ 싱크로메시 기구의 마모
④ 록킹 볼 마모
⑤ 록킹 볼 스프링 피로

05 **수동변속기 변속 시 트랜스 액슬의 떨림 및 소음 원인**

① 싱크로메시 기구 불량
② 기어 마모
③ 싱크로나이저링 마모
④ 종감속장치의 링기어와 피니언 기어 접촉 불량

06 **정지상태에서 수동변속기 차량의 클러치 슬립 점검방법**

① 바퀴에 고임목을 설치하고 클러치가 운전온도에 도달할 수 있도록 워밍업
  을 한다.

② 평탄한 곳에 차량을 정차하고 주차브레이크를 작동시킨 상태에서 클러치 페달을 밟아 최고 단의 기어를 넣는다.

③ 클러치 페달을 밟은 상태로 엔진을 가속시켜 WOT상태를 유지한다.

④ 클러치 페달에서 발을 떼었을 때 엔진 rpm이 급격하게 떨어지면서 엔진이 정지되면 클러치는 정상이다.

⑤ 엔진 rpm이 서서히 떨어지거나 유지되면 클러치의 슬립이 발생하는 것으로 점검 및 수리를 한다.

07 다이어프램 형식의 클러치 특징

① 고속 회전 시 원심력에 의한 스프링의 압력변화가 적다.

② 회전 시 평형상태가 양호하며 압력판에서의 압력이 균일하게 작용한다.

③ 클러치판이 마모되어도 압력판을 미는 힘의 변화량이 적다.

④ 릴리스 레버가 없으므로 레버 높이가 일정하기 때문에 조정이 필요 없다.

⑤ 클러치 페달의 답력이 적게 들고 구조 및 조작이 간편하다.

08 클러치가 끊기지 않을 때의 클러치 본체 고장원인

① 클러치 스프링 장력과대

② 클러치 디스크 허브와 스플라인 섭동불량

③ 릴리스 레버 조정 불량

④ 릴리스 베어링 파손

⑤ 클러치 디스크의 런아웃 과대

09 수동변속기의 변속 시 소음 원인

① 클러치를 완전히 밟지 않았을 때
② 클러치의 오일 부족
③ 클러치 마스터 실린더 불량
④ 클러치 릴리스 실린더 불량
⑤ 변속케이블 조정 불량
⑥ 클러치 디스크 과다 마모
⑦ 싱크로나이저 불량

10 싱크로메시 기구의 구성요소

① 싱크로나이저 링
② 싱크로나이저 키
③ 싱크로나이저 허브
④ 싱크로나이저 슬리브
⑤ 싱크로나이저 스프링

11 매뉴얼 밸브, 시프트 밸브, 유압제어 밸브의 설명

① **매뉴얼 밸브** : 유압밸브 보디에 들어있으며, 운전자가 셀렉터 레버를 조작하여 그 위치를 결정한다. 매뉴얼 밸브에는 주작동압력이 작용한다.
② **시프트 밸브** : 솔레노이드 시프트 밸브를 ON-OFF시켜 유압식 시프트 밸브에 유압을 공급 또는 차단하는 방법을 사용하여 각 단의 변속 요소들을 연결, 분리 또는 고정한다.
③ **유압제어 밸브** : 기관부하에 따라 주 작동압력을 제어한다. TCU에 의해 듀티로 작동되며 해당 클러치에 유압을 공급하고 해제하는 역할을 한다.

12 킥다운

급가속을 얻기 위해 액셀러레이터 페달을 끝까지 밟으면 현재의 기어 단수보다 한 단계 낮은 기어로 선택되면서 순간적으로 강력한 가속력을 확보하며 이때 차량이 주춤거리는 현상은 가속력을 얻기 위한 정상적인 현상이다.

13 킥다운이 되지 않는 원인

① 스로틀 포지션 센서의 출력이 80[%] 이하일 때
② 스로틀 케이블 조정 불량 시
③ 킥다운 서보 불량 시
④ 킥다운 서보 스위치 불량 시

14 다운 스위치 작동과정

가속페달을 완전히 밟으면 킥다운 스위치가 작동하여 모듈레이터 압력이 급격히 증가하게 된다. 킥다운 스위치가 작동하면 일정 속도범위 내에서 강제적으로 다운 시프트되어 작동하게 된다.

15 변속기를 탈착할 때 주의사항(안전사항)

① 작업과정에서 요구되지 않는 이상 점화 스위치를 OFF한다.
② 주차브레이크를 작동시킨다.
③ 바퀴에 고임목을 설치한다.
④ 차체 밑에서 작업을 할 때에는 보안경을 착용한다.
⑤ 잭으로 올린 다음 스탠드로 받쳐준다.

16 스톨 테스트, 타임래그 테스트, 주행 테스트 시 준비사항

① 변속기 오일 점검
② 변속레버의 링크기구 점검
③ 스로틀 케이블 점검
④ 킥다운 케이블 점검
⑤ 기관 작동상태 점검

17 자동변속기 성능 시험 전 점검요소

① 자동변속기의 오일상태 및 오일누유 점검
② 변속레버의 링크기구 점검
③ 기관 작동상태 및 공전속도 점검 및 조정

18 자동변속기 성능시험의 종류

① 변속패턴 시험
② 킥다운 시험
③ 킥업 시험
④ 리프트 풋업 시험
⑤ 오버로드 ON/ OFF 시험
⑥ 홀드 ON/ OFF 시험

19 자동변속기 유압성능 시험방법

① 스톨 시험
② 타임래그 시험
③ 라인압력 시험

20 스톨시험의 목적과 시험방법

스톨시험은 변속레버를 D와 R위치에서 엔진의 스로틀을 완전히 열은 상태
(WOT)에서의 토크 컨버터의 속도비가 0이 될 때 엔진의 최고속도를 측정하
여 토크 컨버터의 스테이터나 원웨이 클러치 작동, 각 클러치와 브레이크의
성능을 점검한다.

① 스톨시험 목적
  • 엔진 구동력시험
  • 토크 컨버터의 동력전달기능시험
  • 클러치 미끄러짐 시험
  • 브레이크 밴드 미끄러짐 시험

② 시험방법
  • 엔진을 워밍업시킨다.
  • 각 바퀴에 고임목을 설치한다.
  • 엔진 회전계를 설치한다.
  • 주차 브레이크를 작동시킨 상태에서 브레이크 페달을 완전히 밟는다.
  • 속레버를 D레인지에 위치시키고 가속페달을 완전히 밟고 5초 이내에
    엔진 회전수를 측정한다.
  • 1분 이상 대기하였다가 변속레버를 R레인지에 위치시키고 가속페달을
    완전히 밟고 5초 이내에 엔진 회전수를 측정한다.
  • 규정 값은 차종에 따라 상 이하나 2,000~2,400[rpm] 내외이다.

21 타임래그

엔진 공회전 시 변속시킬 때 변속레버의 변환 순간부터 변속 충격이 느껴질 때까지의 지연시간(1.5초 이내)을 측정하여 자동변속기의 각종 클러치 및 브레이크의 상태를 점검하는 시험방법이다.

22 토크컨버터의 3요소와 1단, 2상

① 3요소 : 펌프, 터빈, 스테이터
② 1단 : 펌프와 터빈이 한 조를 이룬 상태
③ 2상 : 스테이터의 작용으로 스테이터가 전혀 회전하지 않는 상태를 단상, 터빈의 회전력이 일정 수준에 도달하여 스테이터가 회전하는 경우와 오버러닝 클러치 형태로 되는 것을 2상이라 한다.

23 자동변속기의 크리프 효과

① 원활한 발진
② 타이어 마모 방지
③ 언덕길 주차브레이크 잡지 않았을 때 뒤로 밀림방지
④ 정지 및 D레인지에서 차체 진동 저감

24 자동변속기에서 1속에서 2속으로 변속 시 충격발생 원인

① 펄스제네레이터 A 불량 시
② 밸브보디 불량 시

③ 유압컨트롤밸브 불량 시

④ 세컨드 브레이크 불량 시

⑤ 로앤리버스 브레이크 불량 시

25 자동변속기에서 전진은 되나 후진이 안 되는 원인

① 프런트 클러치 및 피스톤 작동 불량

② 로앤리버스 브레이크 및 피스톤 작동 불량

26 댐퍼 클러치

댐퍼 클러치는 자동차의 주행속도가 일정 값에 도달하면 임펠러의 펌프와 터빈을 기계적으로 직결시켜 슬립에 의한 손실을 최소화하여 정숙성을 도모하는 장치이다.

27 댐퍼클러치(록업클러치)의 작동하지 않는 조건

① 1단 주행 및 후진 시

② ATF의 온도가 일정 온도 이하일 때

③ 브레이크 작동 시

④ 변속 시

⑤ 감속 시

⑥ 엔진브레이크 작동 시

⑦ 고부하 및 급가속 시

⑧ 엔진 rpm 신호가 입력되지 않을 때

28 **자동변속기의 히스테리시스 현상**

변속점 부근에서 주행할 경우 업시프트와 다운시프트가 빈번하게 일어나는 현상으로 이를 방지하기 위하여 7~15[km/h] 정도의 차이를 두어 변속한다.

29 **자동변속기에서 감압밸브(리듀싱 밸브)와 릴리프 밸브의 기호**

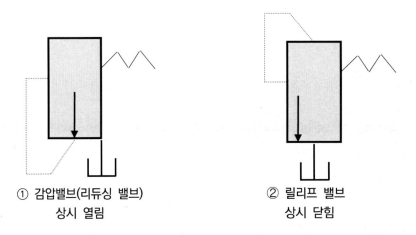

① 감압밸브(리듀싱 밸브)
상시 열림

② 릴리프 밸브
상시 닫힘

30 **자동변속기 라인압력 점검 개소(압력점검 요소)**
(자동변속기 유압회로의 회로압력 시험항목)

① 언더드라이브 클러치 압력
② 오버드라이브 클러치 압력
③ 리버스 클러치 압력
④ 세컨드 브레이크 압력
⑤ 로앤리버스 브레이크 압력

31 자동변속기 라인압력이 높거나 낮은 원인

① 오일필터 막힘
② 레귤레이터 밸브 오일 압력 조정 불량
③ 레귤레이터 밸브 고착
④ 밸브보디 조임부 풀림
⑤ 오일펌프 배출압력 부적당

32 자동변속기의 라인압력 시험방법

① 자동변속기 워밍업
② 앞바퀴 공회전 준비
③ 진단장비 설치
④ 오일 압력게이지 설치
⑤ 엔진 공회전 속도 점검
⑥ 다양한 위치와 조건에서 오일압력 점검

33 자동변속기 밸브보디에 장착된 감압밸브의 내용

하부 밸브보디에 장착되어 라인압력을 근원으로 항상 라인압력보다 낮은 압력으로 조절하여 PCSV 및 DCCSV로부터 제어압력을 만들어 압력제어밸브와 댐퍼클러치 제어밸브를 작동시킨다.

34 자동변속기의 ATF가 변색되는 원인

① 검은색 : 유압성능저하 및 쇳가루 등의 이물질 유입
② 유백색 : 과다한 수분 유입

35 자동변속기의 오일이 산화 또는 교환주기가 지났을 때의 영향

① 작동 시 충격 : 오일이 산화되면 오일의 점도가 낮아져 작동 시 변속 충격으로 이어지며 변속기의 손상을 초래한다.
② 윤활 불량 : 오일의 산화에 의한 윤활기능이 상실되어 변속기 각부의 윤활이 원활하게 되지 않아 고착, 발열 등에 의한 손상을 초래한다.
③ 작동 지연 : 오일의 산화와 변질 정도에 따라 작동이 지연되거나 슬립이 발생할 수 있다.

36 무단변속기의 장점

① 운전이 쉬우며 변속 충격이 거의 없다.
② 차량 주행조건에 알맞도록 변속되어 동력성능이 향상된다.
③ 엔진의 출력 특성이 최대한 유지되도록 파워트레인 통합제어의 기초가 된다.
④ 최저 연료소비 설계로 연비가 향상된다.

37 무단변속기의 내부 구조와 동력 손실 요인

① 입력부 : 마그네틱 클러치, 토크 컨버터의 형태로 입력에 대한 충격으로부터 변속기를 보호하기 위한 일정량의 슬립을 두므로 슬립양에 따른 동력이 손실된다.
② 변속부 : 풀리와 벨트 간의 접촉 시 슬립이 발생되어 동력이 손실된다.
③ 출력부 : 출력축의 방향과 마찰 저항, 기계적 구조 등에 의한 동력이 손실된다.

38 등속 조인트 분해 시 점검요소

① 부트 훼손상태
② 베어링 접촉부 그리스 도포상태

39 차동제한 장치(LSD)의 특징

① 눈길, 미끄러운 길 등에서 미끄러지지 않으며 구동력이 증대된다.
② 코너링 및 횡풍이 강할 때 주행 안전성이 유지된다.
③ 진흙길, 웅덩이에 빠졌을 때 탈출이 용이하다.
④ 경사로에서 주정차가 용이하다.
⑤ 급가속 시 차량 안전성이 용이하다.

40 TCS 작동시기

① 타이어가 미끄러졌을 때
② 좌우 타이어의 회전수에 차이가 있을 때
③ 타이어가 펑크났을 때

41 리어 액슬 지지방식

① 전부동식 : 차량중량을 액슬 하우징에 100[%] 부담시키는 방식(대형차)
② 반부동식 : 액슬 축의 하중 부담을 1/2으로 하는 방식(소형트럭)
③ 3/4부동식 : 액슬 축의 하중을 3/4정도로 하는 방식(승용차)

42 후륜구동 차량의 슬립이음과 자재이음

① **슬립이음** : 변속기 주축 끝의 스플라인에 설치되어 뒤차축의 상하 운동에 따른 변속기와 차동장치 간의 길이변화에 대응하는 역할을 한다.

② **자재이음** : 각도를 가진 두 개의 축 사이에 동력을 전달하기 위한 장치로 변속기와 차동장치 간의 구동각 변화에 대응하는 역할을 한다.

43 차동장치 및 후차축 소음발생 원인

① 사이드 기어와 액슬 축의 스플라인 마모
② 액슬 축의 휨
③ 링기어의 런아웃 불량
④ 종감속기어의 백래쉬 과다
⑤ 종감속기어의 접촉상태 불량
⑥ 급유상태 불량
⑦ 구동 피니언 베어링 및 사이드 베어링 마모 과다

44 추진축의 자재이음에서 발생되는 진동원인

① 추진축의 휨
② 슬립이음의 스플라인부 마모로 인한 백래시 과다
③ 유니버셜 조인트 베어링 마모 및 볼트 이완
④ 추진축의 정적, 동적 평형 불량
⑤ 센터 베어링 마모

45 트럭이 주행 중 추진축에서 소음진동 발생원인

① 추진축의 휨
② 추진축의 동적 밸런스 불 평형
③ 센터 베어링 마모
④ 자재이음의 급유불량 및 베어링 마모
⑤ 슬립이음의 급유불량 및 스플라인 마모
⑥ 플랜지 요크의 볼트 체결 불량
⑦ 밸런스 웨이트의 누락, 탈락

46 리어앤드토크

기관이 동력전달장치를 통하여 구동바퀴를 회전시킬 때 구동축에서 구동방향의 반대방향으로 돌아가려고 하는 힘

47 뒤차축의 과열 원인

① 오일량 부족
② 오일의 오염, 이종 오일 주입
③ 과부하 시
④ 각부의 베어링 유격 과다 및 마모 시
⑤ 각부의 기어의 마모, 백래시가 규정보다 적을 때

48 종감속 기어장치에서 하이포이드 기어의 장점

① 추진축의 높이를 낮게 할 수 있다.

② 차실의 바닥이 낮게 되어 거주성이 향상된다.

③ 자동차의 전고가 낮아 안전성이 증대된다.

④ 구동피니언 기어를 크게 할 수 있어 강도가 증가된다.

⑤ 기어의 물림률이 크기 때문에 회전이 정숙하다.

49 종감속 기어에서 페이스 면의 접촉상태 수정방법

① 힐 접촉 : 구동피니언을 안쪽으로 링기어를 바깥쪽으로 조정한다.

② 토우 접촉 : 구동피니언을 바깥쪽으로 링기어를 안쪽으로 조정한다.

③ 페이스 접촉 : 구동피니언을 안쪽으로 링기어를 바깥쪽으로 조정한다.

④ 플랭크 접촉 : 구동피니언을 바깥쪽으로 링기어를 안쪽으로 조정한다.

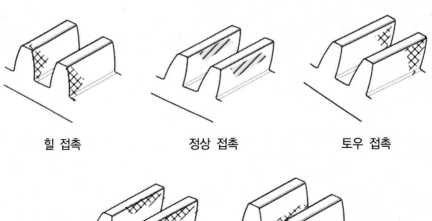

힐 접촉   정상 접촉   토우 접촉

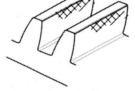   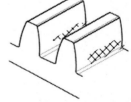

페이스 접촉   플랭크 접촉

50 4WS가 2WS보다 나은 장점

① 등판능력과 견인력 향상
② 고속에서 직진성능 향상
③ 고속 선회가능
④ 저속 주행 시 최소 회전반경 감소
⑤ 제동력 향상
⑥ 미끄러운 도로에서 주행안전성 향상
⑦ 차선변경 용이
⑧ 조향성능과 안전성 향상
⑨ 부드러운 출발과 가속성능 향상

51 기계식 4WD보다 전자식 4WD의 장점

① 조작 편의성
② 주행 중 조작가능
③ 도로상황에 따른 자동제어
④ 연비향상 및 소음감소

52 차선이탈방지장치(LDWS) 정의와 센서 종류

① 정의 : LDWS는 졸음운전 등 차선이탈을 경고하는 장치로 고속도로와 같은
간선 도로상에서 운전자가 차선을 이탈하지 않고 운전할 수 있도록 지원해
주는 편의장치이다.
② 센서 종류 : 적외선 수광 및 발광 다이오드 센서

53 타이어 규격

① 레이디얼 타이어 : 205/60 R17 90H

205 : 타이어의 폭 205[mm]

60 : 편평비[%], 205[mm]에 대한 60[%]

R : 레이디얼 타이어

17 : 타이어의 내경 또는 림의 사이즈[inch]

90 : 타이어의 부하 능력

H : 속도 기호

② 바이어스 타이어 : 6.00 - 16 - 4PR

6.00 : 타이어의 폭[inch]

16 : 타이어의 내경 또는 림의 사이즈[inch]

4PR : 플라이 수

54 레이디얼 타이어의 특징

① 타이어의 편평비를 크게 할 수 있다.

② 고속 주행 시 스텐팅 웨이브 현상이 쉽게 일어나지 않는다.

③ 고속에서 구름저항이 적고 내마모성이 우수하다.

④ 하중에 의한 트레드 변형이 적다.

⑤ 로드 홀딩이 우수하다.

55 휠 림의 구조에서 림 험프를 두는 이유

비드시트에 접하고 있는 볼록하게 나온 부분이며, 타이어가 안쪽으로 밀리지 않도록 하는 역할을 한다.

56 타이어 수명에 영향을 미치는 요인

① 타이어의 공기압
② 운전습관
③ 주행속도
④ 도로 노면의 종류와 조건
⑤ 차량의 정비 상태
⑥ 적재하중

57 구동륜 타이어의 슬립(스핀)원인

① 타이어 트레드 패턴, 홈의 깊이, 재질
② 타이어의 과다한 마모, 적정 공기압력
③ 과다한 엔진 출력
④ 과다한 적재 중량
⑤ 노면과 타이어의 마찰계수

58 튜브리스 타이어의 장점

① 공기압 유지성능이 좋다.
② 중행 중 열 발산 능력이 좋다.
③ 타이어의 교환 시 작업성이 향상된다.
④ 못 등에 의한 펑크 시 급속한 공기 누출이 없다.
⑤ 튜브에 의한 고장이 발생하지 않는다.

59 타이어 편 마모 원인

① 타이어 공기압 부적당
② 허브 베어링 유격과다
③ 조향 너클 마모
④ 킹핀 및 부쉬 마모
⑤ 차륜정렬 불량
⑥ 차축 휨

60 휠(바퀴) 떨림 원인

① 휠 허브 밸런스의 불량
② 휠의 동적, 정적 평형 불량
③ 휠 허브 베어링 유격 과다
④ 조향 너클의 비틀림 발생
⑤ 타이어 편 마모 시

61 타이어의 히트 세퍼레이트의 원인

① 과속 주행
② 과적 주행
③ 타이어 공기압이 과소한 상태에서의 주행
④ 타이어 코드 층간의 접착력 불량

62 하이드로 플래닝 현상과 방지대책

① 현상

물이 고인 도로를 고속으로 주행 시 타이어의 트레드가 노면의 물을 밀어 내지 못하고 물의 표면위로 타이어가 뜬 상태로 미끄러지면서 타이어의 점 착력이 상실되는 현상으로 수막현상이라고도 한다.

② 방지대책

주행속도를 낮춘다.

타이어의 공기압력을 높인다.

트레드가 양호한 타이어를 사용한다.

리브패턴 타이어를 사용한다.

트레드에 카프 가공을 한 타이어를 사용한다.

63 스탠팅 웨이브 현상과 방지대책

① 현상

고속 주행 시 타이어의 공기압이 적을 때 트레드가 원심력과 공기의 압력 에 의해 트레드가 노면에서 떨어진 후 찌그러지는 현상으로 타이어의 파손 을 일으킨다. 주로 바이어스 타이어에서 발생한다.

② 방지대책

- 레이디얼 타이어를 사용한다.
- 고속 주행 전 타이어 공기압력을 높인다.
- 강성이 큰 타이어를 사용한다.
- 주행 속도를 낮춘다.

조향장치

01 전동식 파워스티어링(MDPS)의 종류

① 칼럼형
② 피니언형
③ 래크형

02 조향에 영향을 주는 요소(요인)

① 현가장치의 상태
② 쇽업소버의 상태
③ 프레임 정렬 상태
④ 타이어 상태(공기압, 휠 밸런스, 타이어 마모)

03 조향핸들이 떨리는 이유

① 휠 허브베어링 유격 과다
② 볼 조인트 및 각 링키지 과다 마모

③ 허브 너트 풀림

④ 앞바퀴 정렬상태 불량

⑤ 휠 밸런스 불량 또는 런아웃 과다

⑥ 쇽업소버 작동불량

04 주행 중 동력조향장치의 핸들이 갑자기 무거워졌을 때의 점검방법

① 구동벨트의 미끄러짐, 손상 점검

② 구동펌프의 압력부족 등의 불량 여부 점검

③ 오일의 부족 또는 누유상태 점검

④ 오일에 공기 유입여부 점검

⑤ 호스 뒤틀림 또는 손상여부 점검

⑥ 컨트롤 밸브 고착 불량 여부 점검

05 동력조향장치에서 핸들이 무거워졌을 때의 원인

① 구동벨트의 미끄러짐 또는 손상

② 구동펌프의 압력부족 또는 오일펌프 불량

③ 오일의 부족 또는 누유

④ 제어밸브 고착

⑤ 호스 뒤틀림 또는 손상

⑥ 타이어공기압 부족

⑦ 조향 너클 변형 또는 프레임의 변형

⑧ 유압회로에 공기 유입

06 언더스티어링과 오버스티어링 현상

① 언더스티어링 : 조향 시 뒷바퀴에 발생하는 코너링포스가 커지면 선회 시 조향각이 커서 회전반경이 커지는 형상

② 오버스티어링 : 조향 시 앞바퀴에 발생하는 코너링포스가 커지면 선회 시 조향각이 작아져 회전반경이 작아지는 형상

07 조향 핸들 유격세부 검사항목과 조향 핸들 검사항목

① 조향 핸들 유격 세부 검사항목
- 조향 핸들 유격 12.5[%] 이내
- 조향 너클과 볼조인트 유격 점검
- 허브너트 유격 점검
- 조향 기어 백래시 점검

② 조향 핸들 검사항목
- 조향 핸들 유격 12.5[%] 이내
- 조향력 검사
- 중립위치 점검
- 조향각 점검
- 복원력 점검

08 코너링 포스

자동차가 선회할 때 원심력에 대한 반발력으로 타어어와 노면 사이에 생기는 구심력

09 코너링 포스에 미치는 영향(요소)

① 타이어의 공기압력과 트레드 패턴
② 타이어의 규격
③ 자동차의 주행속도
④ 수직으로 작용하는 하중
⑤ 드럼의 곡률

10 주행 선회 시 코너링 포스가 뒤쪽으로 쏠리는 원인

자동차가 선회할 때 타이어의 밑 부분은 변형되면서 회전하므로 타이어와 노면사이에 발생하는 마찰력으로 인하여 노면으로부터 타이어의 안쪽으로 작동력이 발생된다. 이때 트래드의 중심선이 뒤쪽으로 이동하게 되고 이 작용력이 타이어의 변형 결과를 초래하여 접지면의 뒤쪽으로 작용한다.

11 차량 충돌 시 스티어링 샤프트의 충격을 흡수하는 장치

① 매시 방식 : 조향 컬럼의 일부가 매시 상태의 부분으로 되어 있어서 차량 충돌 시 매시 부분이 압축 변형되면서 충격 에너지를 흡수한다.
② 스틸볼 방식 : 차량 충돌 시 스틸볼이 어퍼와 로워 컬럼 튜브의 접촉면에 홈을 만들면서 전동하여 스티어링 컬럼 튜브의 길이를 감소하면서 그 저항에 의해 충격 에너지를 흡수한다.
③ 벨로즈 방식 : 벨로즈 형상의 튜브로 조향축에 설치되어 차량이 충돌 시 조향축의 길이가 짧아지면서 벨로즈가 압축되면서 충격 에너지를 흡수한다.
④ 실리콘 고무 봉입 방식 : 실리콘 고무를 봉입하여 차량 충돌 시 충격 에너지를 흡수한다.

현가장치

part Ⅲ. 섀시

01 독립현가장치 종류

① 위시본 형식
② 맥퍼슨 형식
③ 트레일링 링크 형식
④ 스윙 차축 형식

02 독립현가장치의 장점과 단점

① 장점
- 차고를 낮게 설정할 수 있어 안전성이 향상된다.
- 스프링 아래 질량이 적어 승차감이 좋다.
- 스프링 정수가 적은 스프링의 사용이 가능하다.
- 바퀴의 시미 현상이 적고 로드 홀딩이 우수하다.

② 단점
- 구조가 복잡하고 정비 및 취급이 어렵다.
- 볼 이음이 많아 앞바퀴 정렬이 틀어지기 쉽다.
- 윤거 또는 전륜 얼라인먼트의 변형이 쉬워 타이어 마멸이 크다.

03 맥퍼슨 타입의 현가장치 특징

① 위시본 형식에 비해 구조가 간단하고 보수가 용 이하다.

② 엔진실의 유효 공간을 크게 할 수 있다.

③ 스프링 아래 질량이 적어 로드 홀딩 및 승차감이 우수하다.

04 휠 얼라인먼트의 목적(차륜정렬)

① 직진성 확보와 주행안정성 및 승차감 향상

② 가벼운 핸들의 조작력 부여 및 진동, 쏠림 방지

③ 바퀴와 핸들의 복원성 확보

④ 타이어 편 마모 방지

05 휠 얼라인먼트를 측정하거나 수정해야 하는 시기

① 조향핸들의 떨림(진동)이나 조작이 불량할 때

② 타이어 편 마모 발생 시

③ 현가장치 수리 시

④ 사고에 의한 전차륜 정렬 변화 시

⑤ 앞차축이나 프레임이 휘었을 때

06 휠 얼라인먼트에서 셋백의 정의와 허용공차, 이상적인 셋백 값

① 셋백의 정의 : 자동차 앞바퀴 차축과 뒷바퀴 차축의 중심이 서로 평행한 정도 즉, 동일한 액슬에서 한쪽 휠이 다른 한쪽 휠보다 앞 또는 뒤로 차이가 있는 것으로 대부분의 차량은 공장에서 조립 시 오차에 의해 셋백이 발생하며 캐스터에 의해서도 발생한다.

② 허용공차 : 0

③ 이상적인 셋백 값 : 일반적인 규정 값은 15[mm] 이내이다.

07 자동차 앞 부분의 하중을 지지하는 바퀴의 기하학적 각도와 그 이유

① 캠버 : 바퀴의 조작력을 가볍게 하기 위함

② 캐스터 : 바퀴의 직진성 확보

③ 킹핀 : 바퀴의 복원성 확보

④ 토우 : 캠버에 의한 바퀴의 편 마모 방지

08 휠 얼라인먼트에서 캠버가 불량 시 발생하는 현상

① 타이어 편 마모

② 핸들 및 차체의 떨림

③ 핸들 조작이 무거워짐

09 캠버각보다 토인각이 클 경우 나타날 수 있는 증상

① 타이어와 지면과의 계속적인 미끄럼 발생
② 조향효과 감소
③ 타이어 마멸량 과다

10 킹핀 경사각의 기능

① 핸들 조작이 가볍고 핸들의 흔들림을 방지한다.
② 바퀴에 복원성을 주어 직진위치로 쉽게 돌아온다.

11 FF차량의 타이어 편 마모 원인과 대책

① 타이어공기압 불량 - 규정압력으로 보충한다.
② 기계적 장치 불량(쇽업소버 또는 휠 베어링) - 기계장치 점검 수리 후 휠
  얼라인먼트 보정
③ 휠 얼라인먼트 정렬불량 - 휠 얼라인먼트 보정

12 자동차가 선회 시 롤링 현상을 잡아주는 스태빌라이저의 기능

스태빌라이저는 좌우 바퀴가 동시에 상하로 움직일 때는 작용하지 않으며, 좌
우 바퀴가 상하 운동을 서로 반대방향으로 비틀면서 발생할 때 비틀림에 의한
스프링의 힘으로 차체가 기우는 것을 최소화한다.

13 선회 시 롤링을 억제하는 방법

① 쇽업소버의 기능을 향상시킨다.
② 스프링 정수가 큰 스프링을 사용한다.
③ 차량의 중심고를 낮춘다.
④ 스태빌라이저 고무부시를 신품으로 교환한다.

14 주행 중 선회 시 코너링 포스가 뒤쪽으로 쏠리는 이유

자동차가 선회할 때 타이어 밑부분은 변형되면서 회전하므로 노면과 타이어사이에 마찰력으로 인해 노면으로부터 타이어에 대해 안쪽으로 작동력이 발생하며 이때의 트레드 중심선이 뒤쪽으로 치우치게 된다. 즉, 타이어의 변형의 결과로 인하여 작용력에 따라 접지면의 뒤쪽으로 작용하게 된다.

15 주행 중 핸들이 한쪽으로 쏠리는 원인
(차량이 정상적인 노면을 주행할 때 한쪽으로 쏠리는 이유)

① 타이어 공기압 불균일
② 한쪽 바퀴에 브레이크가 걸림
③ 조향링키지 변형
④ 휠 허브베어링 유격과다
⑤ 휠 얼라인먼트 정렬 불량
⑥ 과도한 타이어 편 마모
⑦ 현가장치 불량

16 주행 시 핸들이 떨리는 원인

① 타이어 휠 밸런스 불량
② 등속조인트 변형
③ 타이어 편 마모, 런아웃 과다
④ 브레이크 디스크의 동적, 정적 불균형
⑤ 허브 베어링 유격과다 및 변형
⑥ 유니버셜 조인트 과다마모 및 추진축 변형

17 자동차가 주행 중 받는 모멘트

① 요잉 모멘트
② 피칭 모멘트
③ 롤링 모멘트

18 휠의 평형이 틀려지는 이유

① 휠 허브베어링 유격과다
② 조향 링키지 유격과다
③ 볼트 및 부싱의 마모
④ 앞 차축 및 프레임에 휨 발생
⑤ 충격으로 인한 균형 파괴

19 주행 시 저속 시미 원인

① 타이어 공기압 부 적정
② 휠 동적 불 평형
③ 조향링키지 및 볼조인트 볼트의 이완 및 과다 마모
④ 휠 얼라인먼트 정렬 불량
⑤ 현가장치 불량

20 고속주행 시 시미현상 원인

① 타이어 휠의 동적 불 평형
② 엔진지지 볼트의 이완
③ 프레임 쇠약 또는 절손 및 변형
④ 타이어의 편심
⑤ 휠 허브베어링 유격과다
⑥ 추진축 진동발생
⑦ 자재이음의 마모 및 급유부족

21 쇽업소버의 역할

① 상하 바운싱 시 충격흡수
② 롤링 방지
③ 충격흡수 기능

22 와인드 업 진동 대응책

① 링크부시, 멤버 마운트의 스프링 상수, 쇽업소버의 감쇠력 향상
② 링크부시, 멤버 마운트의 스프링 상수, 쇽업소버의 보디 측 부착위치 등 레이아웃의 튜닝에 의한 공진 주파수 상쇄
③ 토크로드에 의한 피칭진동의 억제나 링크부시나 멤버 마운트의 고감쇠 고무의 설정 등 진동레벨의 저감

23 자동차의 스프링 위 질량진동인 요잉 모멘트로 인한 발생현상

① 오버스티어링
② 언더스티어링
③ 드리프트 아웃

24 스프링 위 질량 운동(진동)

① 바운싱 : Z축을 중심으로 차체가 상하로 진동하는 것
② 롤링 : X축을 중심으로 차체가 좌우로 진동하는 것
③ 피칭 : Y축을 중심으로 차체가 앞뒤로 진동하는 것
④ 요잉 : Z축을 중심으로 차체가 좌우로 회전하는 것

25 스프링 아래 질량 운동(진동)

① 휠 홉 : Z축을 상하운동으로 하는 고유 진동
② 트램프 : X축을 중심으로 회전 운동하는 고유진동
③ 와인드 업 : Y축을 중심으로 회전 운동하는 고유진동
④ 조 : Z축을 중심으로 회전 운동하는 고유진동

26 윈더와 로우드 스웨이

① 윈더 : 직진 주행 시 어느 순간 한쪽으로 쏠렸다가 반대 방향으로 쏠리는 현상
② 로우드 스웨이 : 고속 주행 시 차의 앞부분이 상하·좌우로 제어할 수 없을 정도로 심하게 발생되는 진동

27 ABS 피드백 제어루프 요소

① 제어 시스템
② 출력조작 변수
③ 컨트롤러
④ 입력제어 변수
⑤ 기준 변수

28 TCS 제어 기능

① 출발 시 슬립제어
② 선회 및 가속 시 트레이스제어

29 노멀(Normal) 상태의 차고 점검 및 조정방법

① 평탄한 곳에 차량을 주차한다.
② 리어 차고센서의 장착거리를 확인한다.
③ 공차 상태에서의 노멀 높이로의 조절을 위해 엔진을 약 3분 정도 공회전시킨다.
④ 노멀 높이 조정이 완료되었을 때 계기판에 "NORM" 지시등이 점등되는지 확인한다.

30 ECS

전자제어 현가장치는 운전자의 스위치 선택(Auto mode, Sport mode), 주행
조건 및 노면상태에 따라 자동차의 높이와 스프링 상수 및 완충능력이 ECU에
의해 자동으로 조절되는 현가장치로서 승차감, 조향성, 안전성을 향상시켜 안
전하고 안락한 운행이 가능하다.

31 ECS의 HARD, SOFT 선택이 잘 안 되는 경우 점검부위 (단, 입력요소는 정상임)

① 액추에이터
② 에어컴프레서
③ 솔레노이드(F, R)

32 ECS 현가장치에서 (Auto 모드에 의한) 감쇠력 제어 기능

① Super Soft
② Soft
③ Medium
④ Hard

33 ECS 기능 중 차고제어가 되지 않는 조건

① 커브길 급선회 시
② 급가속 시
③ 급제동 시

34 ECS 구성부품

① 조향 휠 각속도 센서
② 스로틀포지션 센서
③ 브레이크 스위치
④ 모드 선택 스위치
⑤ 차고 센서
⑥ 차속 센서
⑦ G 센서
⑧ 압력 스위치
⑨ 액추에이터
⑩ 에어컴프레서
⑪ 배기 솔레노이드 밸브
⑫ 차고조정 솔레노이드 밸브

35 ECS 프리뷰센서 역할

타이어 전방에 돌기나 단차가 있을 때 초음파에 의해 검출하여 ECU로 전송하며, ECU는 쇽업소버를 제어하여 돌기나 단차로부터 승차감을 향상시킨다.

36 ECS 공압식 액티브 리어압력센서의 역할 및 출력전압이 높을 때 승차감이 나빠지는 이유

① **역할** : 뒤쪽 쇽업소버 내의 공기압력을 감지, 자동차 뒤쪽의 무게를 감지하여 무게에 따라 뒤 쇽업소버의 공기스프링에 급, 배기할 때 급기 시간과 배기 시간을 다르게 제어한다.

② **출력전압이 높을 때 승차감이 나빠지는 이유** : 출력전압이 높은 경우 자세를 제어할 때 뒤쪽 제어를 금지하기 때문에 승차감이 나빠진다.

37 전자제어 현가장치에서 ECU가 제어하는 기능

① **안티 롤 제어** : 선회 시 좌우 움직임을 작게 한다.
② **안티 다이브 제어** : 브레이크 작동 시 앞쪽이 내려가고 뒤쪽이 올라가는 현상을 방지한다.
③ **안티 스쿼트 제어** : 급발진 시 차체 앞부분의 들어 올림량을 작게 한다.
④ **안티 피칭 제어** : 차체의 상하진동을 작게 한다.
⑤ **안티 바운싱 제어** : 노면 상태에 따라 차체 흔들림을 작게 한다.

38 VDC의 입력요소

① 휠 스피드센서
② 브레이크 스위치
③ 조향각 센서(조향 휠 각속도 센서)
④ 요레이트 센서
⑤ 횡가속도센서
⑥ VDC OFF 스위치
⑦ 브레이크 마스터 실린더 압력센서

39 주행저항에 영향을 주는 요소

① 타이어 접지부의 변형으로 발생하는 저항
② 타이어에서 발생하는 소음 등에 의한 손실
③ 베어링 등의 마찰에 의한 저항
④ 노면이 평활하지 않는 경우에 생기는 저항
⑤ 노면의 변형으로 발생하는 저항

5 제동장치

01 브레이크액 취급 시 주의사항

① 차체 도장면에 묻지 않도록 하며, 묻었을 경우 즉시 닦아 낸다.

② 오일 교환 시 눈이나 입에 들어가지 않도록 주의한다.

③ 오일에 이물질이 들어가지 않도록 한다.

④ 흡수성이 커서 수분의 유입이 잘 되므로 사용하지 않을 경우 밀봉을 한다.

⑤ 규정 오일을 사용하며, 이종 오일과 혼합하지 않는다.

02 자기작동작용(자기배력작용)

회전 중인 브레이크 드럼에 제동을 걸었을 때 마찰력에 의해 드럼과 함께 회전하려는 경향으로 확장력이 커지면서 마찰력이 증대되는 작용

03 마스터 백과 하이드로 마스터 백

① 마스터 백 : 흡기다기관내의 진공압력과 대기 압력과의 차를 이용

② 하이드로 마스터 백 : 압축공기와 대기 압력과의 차를 이용

04 디스크 브레이크의 장·단점

① 장점
- 방열성이 양호하다.
- 편제동력이 거의 없다.
- 페이드 현상이 적다.
- 브레이크 간극조정이 필요 없다.
- 디스크에 이물질이 묻어도 쉽게 이탈된다.
- 점검 및 정비가 용 이하다.

② 단점
- 패드의 마모가 빠르다.
- 답력이 커야 한다.
- 대용량에 부적합하다.
- 워터 페이드 현상이 발생할 수 있다.

05 감속 브레이크의 종류

① 엔진 브레이크
② 배기 브레이크
③ 와전류 리타더
④ 하이드로릭 리타더

06 브레이크 마스터 실린더 잔압의 필요성

① 브레이크 액 누설 방지
② 공기 혼입 방지
③ 브레이크 작동지연 방지
④ 베이퍼록 방지

07 제동 시 바퀴의 조기 고착을 방지하기 위한 안티스키드 장치의 종류

① 리미팅 밸브(limiting valve)

마스터 실린더로부터의 입력되는 압력이 일정 압력 이상에 달하면 뒷바퀴
에 작용하는 압력이 상승되지 않도록 제한하는 밸브.

② 미터링 밸브(metering valve)

앞바퀴에 디스크브레이크를 사용하는 일부의 차에 사용되며, 앞바퀴 유압
회로의 중간에 설치되어 브레이크 작동 시 앞바퀴에 작용되는 유압의 상승
을 지연시키는 역할을 한다.

③ PB 밸브(proportioning and bypass valve)

P 밸브의 기능 외에 앞 브레이크 쪽의 유압이 저하되는 경우 B 밸브에 의
해서 P 밸브 부분을 통해 바이패스 회로로 유압이 뒷바퀴 휠 실린더에 작
용하는 것을 차단하는 밸브

④ G 밸브(gravitationing valve)

이너셔너 밸브(inertia valve)라고도 하며, 차체에 작용하는 감속도에 의해
유압을 조절하는 밸브

⑤ P 밸브(proportioning control valve)

초기 설정된 셋트 스프링의 힘에 의해 휠 실린더에 가해지는 압력을 규정
값 이상으로 되지 않도록 하는 밸브

⑥ 로드 센싱 밸브(load sensing proportioning valve)

뒷바퀴 측의 유압제어를 적재하중에 따라 변하도록 설정한 밸브

08 브레이크 페달의 유효 행정이 짧아지는 원인

① 공기의 혼입
② 드럼과 라이닝의 간극 과대

③ 베이퍼록 현상 발생

④ 브레이크액의 누설

⑤ 마스터 실린더 체크 밸브 불량으로 인한 잔압 저하

⑥ 브레이크 페달의 푸시로드 조정불량

09 제동 시 자동차(스티어링 휠, 브레이크)가 한쪽으로 쏠리는 원인

① 좌우 한쪽 라이닝 간극 조정 불량

② 디스크 또는 드럼의 편 마모나 변형

③ 바퀴의 정렬 불량

④ 타이어 공기압의 불균일 및 과다 마모

⑤ 한쪽 휠 실린더 작동 불량

⑥ 이물질에 오염된 패드나 라이닝 사용

⑦ 캘리퍼 소착 등의 불량

10 제동 시 라이닝 소리가 나면서 차량이 흔들리는 현상의 원인 (제동 시 소음발생 및 진동이 발생하는 원인)

① 브레이크 디스크(라이닝)의 열변형에 의한 런아웃 발생

② 브레이크 드럼의 열변형에 의한 진원도 불량

③ 브레이크 패드(라이닝)의 경화, 과다 마모

④ 백킹 플레이트 또는 캘리퍼 설치 불량

⑤ 브레이크 드럼 내 이물질유입

11 브레이크가 잠겨서 풀리지 않는 원인

① 마스터 실린더 푸시로드 길이 조정불량
② 주차브레이크 해제 불량 또는 조정불량
③ 마스터 실린더 리턴 포트 막힘
④ 휠 실린더 피스톤 컵 팽창
⑤ 브레이크슈 리턴 스프링의 쇠약, 절손

12 제동장치에서 요 모멘트의 설명과 제어 내용

① **설명** : 요 모멘트란, 차체의 앞, 뒤가 좌, 우측 또는 선회 시 안쪽이나 바깥쪽으로 이동하려는 힘을 말한다.
② **제어** : 오버스티어 제어, 언더스티어 제어

13 브레이크 장치의 베이퍼록 현상과 방지방법

① 베이퍼록 현상 : 긴 내리막길 등에서 브레이크 페달을 자주 밟아 마찰력으로 인하여 발생하는 열에 의해 브레이크액을 기화시켜 브레이크 라인 내에 기포가 발생을 하여 브레이크액의 흐름을 차단하는 현상
② 방지방법
  • 라이닝 교환 및 간극 조정
  • 공기 유입 시 공기 빼기 작업
  • 엔진 브레이크 병용 사용
  • 양질의 브레이크 액 사용
  • 방열성이 우수한 드럼, 디스크 사용

14 브레이크 베이퍼록 현상 원인

① 긴 내리막길에서의 과도한 브레이크 사용

② 드럼과 라이닝의 끌림에 의한 가열

③ 마스터 실린더, 브레이크슈 리턴 스프링의 불량에 의한 잔압 저하

④ 불량한 브레이크액 사용 및 브레이크액의 변질에 의한 비점 저하

15 브레이크 페달의 스폰지 현상의 원인과 대책

① 현상

- 브레이크 라인 내 공기 유입
- 브레이크 드럼과 라이닝의 밀착 불량
- 브레이크 드럼과 라이닝의 간극 과다

② 대책

- 브레이크 라인의 공기빼기를 한다.
- 브레이크 라이닝을 신품으로 교환한다.
- 브레이크 드럼과 라이닝의 간극을 조정한다.

16 브레이크 페이드 현상

브레이크 라이닝(패드)과 드럼(디스크)의 온도상승으로 인한 마찰력 감소 현상

17 유압 브레이크장치에서 에어빼기 작업순서

① 공기빼기 순서는 마스터 실린더에서 거리가 먼 곳부터 실시한다.

② 리저브 탱크의 캡을 열고 규정 브레이크액을 채운다.

③ 브레이크액을 받을 용기의 튜브를 캘리퍼 브리더 스크류에 연결한다.

④ 브레이크 페달을 여러 번 밟아 압력을 가한 상태로 캘리퍼 브리더 스크류를 풀어 브레이크액을 빼낸다.

⑤ 브리더 스크류를 조이고 브레이크 페달을 잠근 후 브레이크 페달을 다시 여러 번 밟아 압력이 가해지면 다시 브레이크액을 빼낸다.

⑥ 상기의 작업을 브레이크라인에 기포가 없을 때까지 계속한다.

⑦ 리저브 탱크를 수시로 확인하여 브레이크액이 부족하지 않도록 보충하면서 작업한다.

⑧ 에어빼기 작업이 완료되면 브리더 스크류를 규정 토크로 체결한다.

18 제동 안전장치의 리미팅 밸브 기능

급제동 시 발생한 과도한 마스터 실린더의 유압이 뒤 휠 실린더에 전달되는 것을 차단하여 뒷바퀴가 잠기는 현상을 방지하고 제동 안전성을 유지하는 밸브

19 프로포셔닝(P) 밸브의 기능과 유압작동 회로

① 기능
- 제동 시 후륜의 제동압력이 일정압력 이상으로 상승 시 압력 증가를 둔화시킨다.
- 마스터 실린더와 휠 실린더사이에 설치되며 승용차에 많이 사용된다.
- 제동 시 전, 후륜의 제동력을 일정하게 유지하기 위한 장치이다.

② 유압작동 회로

마스터 실린더의 유압이 자동차의 주행속도에 따라 슬립 한계점 이상이 되면 비례상수가 적어져 브레이크 유압이 지나치게 증가되지 않도록 한다.

20 EBD란

승차 인원이나 적재하중에 맞추어 앞, 뒤 바퀴에 적절한 제동력을 분배함으로써 안정된 브레이크 성능을 발휘할 수 있게 하는 전자식 제동력 분배시스템

21 ABS 브레이크 구성부품

① 휠 스피드센서 : 차륜의 회전상태를 감지하여 ECU로 보낸다.

② 하이드롤릭 유닛 : 휠 실린더까지 유압을 증감시킨다.

③ ABS ECU : 각 바퀴의 슬립율을 판독하여 고착을 방지하고 경고등을 점등한다.

④ 탠덤 마스터 실린더 : 실린더 내부에 내장된 스틸 센트럴 밸브에 의해 작동된다.

⑤ 진공부스터 : 브레이크 페달에 가해지는 힘을 증대시킨다.

⑥ ABS 릴레이 : 모터 펌프 릴레이와 밸브 릴레이로 구성되어 하이드로릭 모터와 솔레노이드 밸브에 전원을 공급한다.

⑦ ABS 경고등 : ABS시스템에 고장이 발생되면 경고등을 점등하여 운전자에게 시스템의 결함을 알려준다.

22　ABS 모듈레이터의 구성부품

① 리저브 탱크

② 모터 펌프

③ 첵크 밸브

④ 프로포셔닝 밸브

⑤ 솔레노이드 밸브

⑥ 어큐뮬레이터

23　제동장치에서 ABS 피드백 제어루프의 요소

① 제어시스템

② 출력조작변수

③ 컨트롤러

④ 입력제어변수

⑤ 기준변수

24　제동안전 장치에서 안티스키드를 위한 하이드로릭 유닛의 구성밸브

① 노멀 오픈 솔레노이드 밸브

② 노멀 클로즈 솔레노이드 밸브

③ 트랙션 컨트롤 밸브

④ 하이드로릭 셔틀밸브

25 ABS 휠 스피드 센서 방식 중 액티브 홀센서 특징

① 소형경량으로 차륜 속도를 극히 저속까지 감지 가능하다.
② 에어갭 변화에 민감하지 않다.
③ 노이즈에 대한 내성이 우수하다.
④ 디지털 파형출력

26 하이드로 다이내믹 브레이크 기능

① 구조는 유체클러치와 같다.
② 설치위치는 변속기와 차동장치 사이의 추진축에 설치된다.
③ 스테이터는 차체에 고정되어 있고 로터는 추진축에 의해 구동된다.
④ 차륜에 의해 구동되는 로터의 회전에 의해 액체를 고정자에 충돌시켜 제동 효과를 발생시키는 방식으로 제 3브레이크의 일종이다.

27 제동장치의 거리

① 안전거리 : 앞차가 갑자기 정차하더라도 충돌을 피할 수 있는 거리.
② 공주거리 : 운전자가 위험을 감지하고 브레이크를 작동시키는 시점에서부터 브레이크를 완전히 작동시키는 시점까지 주행한 거리. 공주거리는 운전자의 주의력과 반응속도에 따라 달라지며, 차의 속력과 운전자의 반응시간의 곱으로 구해진다.

$$\text{공주거리} = v(\text{차량의 속도}) \times t(\text{공주시간})$$

③ 제동거리 : 브레이크를 완전히 작동시킨 상태에서 차량이 완전히 정지할 때까지 이동한 거리. 제동거리는 자동차의 무게, 브레이크 성능, 지면과 타이어의 마찰계수 등에 따라 달라지며, 등가속도 공식에 의해 정해진다. 제동거리는 자동차가 달리고 있던 초기 속도의 제곱에 비례하고, 가속도에 반비례한다.

▶ 마찰계수가 주어진 경우 $L = \dfrac{V^2}{2_{\mu g}}$

여기서, L : 제동거리[m]

V : 제동 초속도[m/sec]

μ : 타이어와 노면의 마찰계수(포장도로에서 0.5~0.7)

g : 중력 가속도[9.8m/sec²]

▶ 차량 총중량이 주어진 경우 $S = \dfrac{V^2}{254} \times W + \dfrac{W'}{F}$

여기서, S : 제동거리[m]

V : 주행속도[km/h]

W : 차량 총중량[kgf]

W' : 회전부분 상당중량[kgf]

F : 제동력[kgf]

④ **정지거리** : 운전자가 위험을 인지하여 브레이크를 작동하는 시기부터 차량이
완전히 정지할 때까지 이동한 거리(공주거리+제동거리)

자동차정비 기능장
필답형

PART IV

검사

검사 파트에서는 운행 자동차의 검사에 있어 장비 사용방법이나
검사기준 등에 대해 소개한다.

검사

01 자동차의 차대번호로 알 수 있는 정보

① 제작사 및 제작군 : 1~2번째 자리

② 자동차의 구분 : 3번째 자리

③ 차종 및 차체 형상 : 4~6번째 자리

④ 안전장치 적용상태 : 7번째 자리

⑤ 배기량 : 8번째 자리

⑥ 제작연도 : 10번째 자리

⑦ 생산공장 및 생산번호 : 11~17번째 자리

K	M	H	C	H	4	1	B	P	3	U	1	2	3	4	5	6
1	2	3	4	5	6	7	8	9	10	11				12		
제작회사군			자동차 특성군						제작 일련군							

02 CO, HC 측정기 사용방법

① 전원을 ON하고 영점조정 될 때까지 대기한다.

② 각 미터의 선택 스위치를 선택한다.

③ 흡입 채취관을 배기 다기관 끝에 30[cm] 정도 삽입한다.

④ 공회전상태에서 측정기 미터상의 지침이 안정될 때 판독한다.

⑤ 흡입 채취관을 배기 다기관에서 탈거하여 깨끗한 곳에 두고 퍼지한다.

⑥ 측정기의 미터 값이 0점으로 되는지 확인하고 전원 스위치를 OFF한다.

03 매연측정기 유지관리 주요사항

① 카본제거와 영점조정

② 채취관 및 호스 청결상태 유지

③ 표준지와 여과지 관리 철저

④ 압축공기의 수분배출과 일정압력 유지

04 매연측정기 사용 및 취급 시 주의사항

① 측정기에 강한 충격 및 진동을 주지 않는다.

② 검출부위의 광전소자를 사용하지 않을 때 덮어둔다.

③ 채취부를 배기관에 삽입 시 끝에서 약 20[cm] 정도 삽입한다.

④ 연속하여 측정 시 충분한 에어 퍼지를 실시한다.

⑤ 측정 전 카본을 제거하고 영점을 조정한다.

⑥ 측정 시 이외는 전원을 OFF한다.

⑦ 측정기를 수리한 경우 교정을 한다.

⑧ 여과지, 표준여과지는 직사광선, 먼지, 습기, 오염이 없는 곳에 보관한다.

⑨ 채취부 본체에 규정 압력의 공기를 공급한다.

05 전조등 시험기 측정 전 준비사항

① 측정 차량의 타이어 공기압을 규정압력으로 유지

② 측정 차량은 공차상태로 시험기와 평행하도록 정대

③ 측정 차량의 쇽업소버 및 스프링 상태 점검

④ 차량과 시험기 사이의 거리 유지(시험기에 따라 상이 함)

⑤ 전조등 시험기의 수평상태 유지

⑥ 전조등 시험기의 집광부 청결 상태 유지

⑦ 전조등 시험기의 상하, 좌우 광축계 0점 유지

06 속도계 시험기 취급 시 주의사항 (속도계 시험기 사용 전 주의사항) (자동차 검사 시 속도계의 지시오차 측정조건)

① 타이어의 압력을 규정 타이어압력으로 맞춘다.

② 타이어 및 롤러 등의 이물질을 제거한다.

③ 속도계 시험기 공기 공급압력을($7\sim8[\mathrm{kg/cm^2}]$) 유지한다.

④ 차량 진입 시 롤러 중심에 직각이 되도록 진입하고 운전자 1인이 탑승한다.

⑤ 리프트를 내리고 타이어에 고임목을 설치한다.

⑥ 시험 전 핸들 고정기로 핸들을 고정한다.

07 제동력 시험기 사용방법

① 제동력 시험기에 차량을 직각으로 진입시킨다.

② 축중을 측정하고 리프트를 하강시킨다.

③ 롤러를 회전시킨다.

④ 브레이크를 페달을 밟고 제동력을 측정한다.

⑤ 측정값을 판독하고 합. 부 판정을 한다.

⑥ 측정 후 리프트를 상승시키고 차량을 안전하게 진출시킨다.

08 제동력 시험공식과 판정기준

① 제동력 총합 $= \dfrac{\text{앞뒤, 좌우 제동력의 합}}{\text{차량 중량}} \times 100 = 50[\%]$ 이상 양호

② 앞제동력 총합 $= \dfrac{\text{앞 좌우 제동력의 합}}{\text{앞 축중}} \times 100 = 50[\%]$ 이상 양호

③ 뒤제동력 총합 $= \dfrac{\text{뒤 좌우 제동력의 합}}{\text{뒤 축중}} \times 100 = 20[\%]$ 이상 양호

④ 제동력 편차 $= \dfrac{\text{큰쪽 제동력} - \text{작은쪽 제동력}}{\text{해당 축중}} \times 100 = 8[\%]$ 이하 양호

09 사이드슬립 테스트 시 자동차가 갖추어야 할 조건

① 타이어의 규정 공기압 점검
② 타이어 이물질 제거
③ 허브 베어링 유격 점검
④ 볼 조인트, 타이로드 유격 점검
⑤ 스프링 피로상태 점검
⑥ 답판에 중앙으로 서서히 진입
⑦ 답판 통과 시 급발진 및 급제동 금지

10 자동차 조향륜의 옆 미끄러짐량(사이드슬립) 측정조건(준비사항)과 측정방법

① 측정조건
  • 전원을 켜기 전 지시계의 지침이 0을 지시하는지 확인한다.
  • 전원을 ON한 후 지침이 0을 지시하는지 확인한다.
  • 답판의 중앙에 있는 고정 장치를 해제한다.

② 측정방법
- 차량을 답판의 중앙으로 서서히(5[km/h] 이내) 진입시킨다.
- 전륜이 완전히 답판을 통과할 때까지 지시계의 지침을 보고 최대값을 판독한다.
- 측정이 완료되면 시험기의 전원을 OFF한다.

11 소음측정기 사용 시 주의사항

① 소음측정 시 최대값을 측정값으로 한다.
② 2회 이상 실시하여 측정값의 차가 2[dB] 초과 시 무효처리 한다.
③ 암소음 측정은 소음측정 전 또는 후에 연속하여 10초 동안 실시한다.
④ 순간적인 충격음은 암소음으로 취급하지 않는다.
⑤ 자동차 소음과 암소음의 차에 따른 보정 값 적용차가 3[dB] 미만 시 무효처리한다.
⑥ 2회 이상 측정값 중 가장 큰 값을 최종 측정값으로 한다.
⑦ 배기소음 측정기준 승용1(800[cc]~9인승 이하) 100[dB] 이하이다.
⑧ 경적소음 측정기준 승용1(800[cc]~9인승 이하) 110[dB] 이하이다.

12 자동차 검사에서 검사기기에 의한 검사항목

① 전조등 시험
② 속도계 시험
③ 제동력 시험
④ 사이드슬립 시험
⑤ 경음기 소음 및 배기 소음 시험
⑥ 매연 및 CO, HC, 공기과잉률 시험.

13 운행자동차 정기검사 방법 중 배기가스 검사 전 확인할 준비사항

① 배기관에 시료채취관이 충분히 삽입될 수 있는 구조인지 여부의 확인
② 경유차의 경우 가속페달을 완전히 밟았을 때 원동기의 회전속도가 최대 출력시의 회전속도를 초과하는지의 여부 확인
③ 정화용 촉매, 매연 여과장치 및 기타 육안 검사가 가능한 부품의 장착상태 확인
④ 조속기, 정화용 촉매 등 배출가스 관련 장치의 봉인 훼손여부 확인
⑤ 배출가스가 배출가스 정화장치 이전으로 유입 또는 최종 배기구 이전에서 유출되는지 확인

14 자동차 검사 후 재정비하여 검사를 받아야 하는 경우

① 해당 축중에 대한 제동력의 좌우 편차가 8[%] 초과 시
② 사이드슬립이 1[km] 주행 시 5[m] 초과 시
③ 속도계 시험 시 정으로 25[%] 초과 시
④ 전조등 시험 시 검사기준 미달 시
⑤ 배출가스 허용범위 초과 배출 시
⑥ 차대번호 및 원동기 형식이 상이한 경우
⑦ 휠 및 타이어의 돌출, 손상, 과다 마모 시
⑧ 안전기준에 위배되는 등화장치 설치 시
⑨ 등록번호판의 훼손, 망실, 상이한 경우

자동차정비 기능장
필답형

PART V

판금

판금 파트에서는 자동차의 사고 등에 의해 발생되는 차체 손상의 정도를 측정하고 수정하는 방법에 대하여 알아본다.

판금

01 판금 전개도의 종류와 설명

① **평행선 전개법** : 능선이나 직선 면에 직각 방향으로 전개하는 것
② **방사선 전개법** : 각뿔이나 평면을 꼭지점을 중심으로 방사상 전개하는 것
③ **삼각형 전개법** : 입체의 표면을 몇 개의 삼각형으로 분할하여 전개하는 것

02 소성

물체에 외력을 가해 변형시킬 때 외력이 어느 정도 이상이 되면 외력을 제거한 후에도 원래의 형태로 돌아가지 않고 변형이 남아 있는 성질을 말하며, 소실하지 않고 남은 변형을 소성변형이라 한다.

03 스프링 백 현상

재료에 소성변형을 준 후에 힘을 제거하면 탄성회복에 의해 어느 정도 원래의 형태로 돌아오는 현상.

04 A필러의 정의 및 구성부품

① 정의 : 차체와 지붕을 연결하는 기둥
② 구성품
- 펜더 에이프런
- 대시포트 패널
- 프런트 사이드 패널
- 라디에이터 코어 서포트
- 프런트 펜더

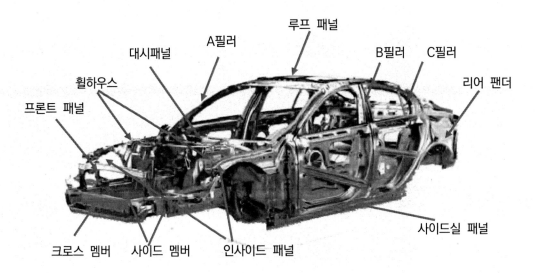

▲ 차체 패널 명칭

05 차체수정 3요소

① 고정
② 견인
③ 계측

06 강판 수축작업의 종류

① 해머와 돌리에 의한 드로잉 가공
② 전기 해머에 의한 드로잉 가공
③ 강판의 절삭에 의한 드로잉 가공
④ 산소와 아세틸렌에 의한 드로잉 가공
⑤ 정확한 가열에 의한 수축

07 프레임 수정기의 종류

① 이동식 프레임 수정기
② 정치식 프레임 수정기
③ 바닥식 프레임 수정기
④ 폴식 프레임 수정기

08 보디 프레임 수정작업에 필요한 계측기

① 센터링 게이지
② 트램 게이지(트램 트랙킹 게이지)
③ 측정자(줄자)

09 센터링 게이지를 이용하여 측정할 때 기준이 되는 요소

① 핀과 핀 사이
② 홀과 홀 사이
③ 대각선의 길이
④ 각진 곳의 거리
⑤ 구성품 설치위치간의 거리

10 센터링 게이지로 측정할 수 있는 용도
(센터링 게이지로 판단할 수 있는 프레임의 손상)

① 언더보디의 상하 변형 측정
② 언더보디의 좌우 변형 측정
③ 언더보디의 비틀림 변형 측정
④ 언더보디의 휨 측정

11 센터링게이지를 고정하는 위치

① 프런트 크로스
② 카울
③ 리어도어
④ 리어 크로스

12 트램게이지의 용도(측정방법)

① 좌우 대각선의 길이 비교 측정
② 홀과 홀의 비교 측정
③ 특정부위의 길이 측정

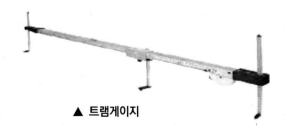

▲ 트램게이지

13 판금 작업 시 기본 고정 이외에 추가 고정을 하는 이유

① 기본 고정 보강
② 모멘트 발생 제거
③ 과도한 견인 방지
④ 용접부 보호
⑤ 작용부위 제한

14 차체 수리 시 실러의 목적

① 부식 방지
② 이음부의 밀봉
③ 방수
④ 방진
⑤ 기밀성 유지

15 보디 수리 시 절단을 피해야할 부위

① 서스펜션 지지 부위
② 패널의 구멍부위
③ 보강 부품이 있거나 부품의 모서리 부분

16 판금 작업 시 킥업 외 손상 개소

① 구멍이 뚫린 부분
② 단면적 변화가 있는 부위
③ 각이 있는 부위

17 프레임의 손상 5요소

① 찌그러짐(mash)
② 새그(sag)
③ 트위스트(twist)
④ 다이아몬드(diamond)
⑤ 콜랩스(colleps)

18 모노코크 보디의 특징(장점과 단점)

① 장점
- 프레임을 사용하지 않고 일체구조로 된 것이며, 보디와 차체 표면의 외관이 상자형으로 구성되기 때문에 응력을 차체 표면에서 분산시킨다.
- 경량화 시킬 수 있다.
- 실내공간이 넓다.
- 정밀도가 커서 생산성이 높다.
- 충격흡수가 좋다.

② 단점
- 소음, 진동의 전파가 쉽다.
- 충돌 시 차체가 복잡하여 복원수리가 어렵다.
- 충격력에 대해 차체 저항력이 낮다.

▲ 모노코크 보디

19 모노코크 보디에서 충격을 흡수하는 부위 (차체의 응력이 집중되는 부위)

① 구멍이 있는 부위

② 단면적이 적은 부위

③ 곡면부 혹은 각이 있는 부위

④ 패널과 패널이 겹치는 부위

⑤ 모양이 변한 부위

20 모노코크 보디에서 스포트 용접의 효과

① 정밀성이 크므로 생산성이 높다.

② 냉각 고착이 빠르므로 용접작업이 쉽다.

③ 기계적 강도가 좋아 내구성이 높다.

21 모노코크 보디의 손상 종류 (모노코크 보디의 사고발생 시 변형의 종류)

① 상하 구부러짐

② 좌우 구부러짐

③ 찌그러짐

③ 모노코크 보디는 충격에 대하여 (상하 굽음), (좌우 굽음). (비틀림 파손)
   변형을 일으킬 수 있다.

22 차량 충돌 시 사고수리 손상분석

① 센터라인 : 언더보디의 평행분석
② 데이텀 : 언더보디의 상하 변형분석
③ 레벨 : 언더보디의 수평상태분석
④ 치수 : 보디 원래의 치수와 비교

23 다이아몬드 변형

차체의 한쪽 면이 전면이나 후면 쪽으로 밀려난 형태로 사각형의 구조물이 다이아몬드 형태로 변형된 상태

24 다이아몬드 변형 점검방법과 판단방법

① 점검방법 : 트램게이지에 의한 방법
② 판단방법 : 멤버의 중심으로부터 대칭의 위치에 있는 사이드레일의 임의의 점까지 길이 비교

25 차량 사고 시 손상개소 및 설명

① 사이드 스위핑 : 강판의 찌그러짐이 많은 손상
② 사이드 데미지 : 센터 필러, 플로어, 보디 등이 손상된 경우
③ 리어앤드 데미지 : 리어사이드 멤버, 플로어, 루프패널에 까지 이르는 손상
④ 프런트앤드 데미지 : 프런트 필러, 후드 리지, 센터멤버의 변형과 보디의 다이아몬드, 트위스트, 상하굴곡 등의 변형된 손상
⑤ 롤 오버 : 루프, 보디, 필러 등을 수리해야 하는 손상

26 돌리가 들어가지 않을 때 작업할 수 있는 공구

스푼

27 스푼의 용도

① 강판의 굽힘 및 피트 수정 시
② 돌리의 대용
③ 프라이바, 드라이빙 툴의 대용
④ 해머에 의한 타격 전달 보조기구로의 사용

▲ 스푼 종류

28 움푹 들어간 곳을 피는데 사용하는 해머

픽(pick) 해머

▲ 픽 해머 종류

29 범핑해머의 용도

처음 거친 부분부터 마지막 작업까지 폭넓게 사용

▲ 범핑 해머

30 해머와 돌리를 이용한 패널 수정방법

① 해머 온 돌리
② 해머 오프 돌리

▲ 돌리 세트

31 차체수정기 사용 시 2곳에서 견인을 하였을 때의 효과

① 손상범위가 넓은 경우
② 손상부의 강성이 높은 경우

③ 지나친 견인 방지

④ 추가적인 차체 손상 방지

⑤ 회전 모멘트 방지

⑥ 스프링 백 방지

32 와이어로프의 손상 원인과 교체기준

① 손상원인

- 로프 직경, 구성, 종류의 선택 불량

- 드럼 및 시이브 감기 불량

- 시이브 및 드럼의 플랜지 불량

- 고열, 고압을 받았을 때

- 킹크(꼬임), 고하중을 받았을 때

② 교체기준

- 파손, 변형 등으로 기능 및 내구력이 없어진 것

- 소선 수의 10[%] 이상 절단된 것

- 공칭지름의 7[%] 이상 마모된 것

- 킹크가 생긴 것

- 현저하게 부식, 변형된 것

- 열에 의해 손상된 것

33 인장작업을 할 경우 체인이나 클램프와 보디 사이에 설치하는 것

와이어로프

34 브레이징 용접의 목적

① 방수성 향상
② 미관 향상
③ 패널의 벌어짐 방지

35 스포트 용접의 공정

① 가압
② 통전
③ 냉각 고착

36 점(스폿)용접의 3대 요소

① 용접 전류
② 통전 시간
③ 가압력

37 점용접의 원리

용접 재료를 두 전극사이에 두고 대전류를 가열하여 접합부분을 가열 융합하는 것으로 접합부위는 바둑알처럼 된다.

38 용접 패널 교환 시 스포트점 수는 신차의 점수보다 몇 [%] 추가되는가?

10~20[%]

39 신품 패널의 뒷부분에 8[mm] 정도의 구멍을 내고 그 위에 하는 용접

플러그(plug) 용접

40 리벳이음에 비교한 용접의 장·단점

① 장점
- 공정 수 감소
- 제품성능 향상
- 이음면 향상
- 자재 절감
- 기밀 및 수밀성 향상

② 단점
- 품질검사가 어렵다.
- 열에 의한 변형이 생긴다.
- 응력이 발생된다.
- 숙련정도에 따라 강도 및 품질에 차이가 난다.

41 차체 리벳 이음의 종류

① 맞대기 리벳 이음
② 겹치기 리벳 이음

42 차체 리벳 작업을 할 때 리벳 지름보다 차체를 몇 [mm] 더 크게 뚫어야 하는가?

상온 시 0.1~0.2[mm], 고온 시 0.5~1.5[mm]

43 사고차량에 대해 판금 기술자들이 알아야 할 사항

① 사고 자체의 크기
② 사고 자체의 형태
③ 사고 자체의 위치
④ 사고당시의 주행속도

자동차정비 기능장

필답형

PART VI

도장

도장 파트에서는 차체의 손상부위를 판금을 위해 도장된 면을 벗기고, 판금이 완료된 후 기존의 도장 면과 같아지도록 도색 작업을 하거나 패널 등을 단품으로 교환하는 등의 작업에 있어 기존과 동일한 색상으로 맞추어 도색하고 열처리하는 공정 등에 대하여 알아본다.

도장

01 보수도장 시 신체보호구

① **보안경** : 작업 중 먼지, 이물질, 용제, 경화제 등으로부터 눈을 보호한다.

② **스프레이 보호복** : 도료와 도료의 구성 성분 등으로부터 신체를 보호한다.

③ **방독 마스크** : 필터에 활성탄을 함유하여 도료에 함유된 화학성분에 의한 유독가스나 작은 입자의 미세먼지 등의 유입을 차단한다.

④ **방진 마스크** : 연마 등의 작업을 할 때 발생되는 분진, 먼지 등의 유입을 차단한다.

⑤ **고무장갑** : 내용제에 강한 고무장갑으로 박리제, 탈지제 등의 화학물질로부터 손을 보호한다.

02 공기압축기의 설치조건

① 직사광선을 피할 것

② 설치장소의 온도는 40[℃] 이하일 것

③ 단단하고 편평한 지면에 수평을 유지하여 설치할 것

④ 습기가 적고 먼지나 불순물 등의 이물질이 없을 것

⑤ 소음 및 진동을 차단한 장소일 것

03 스프레이건에서 배출되는 수분을 최소화하는 방법

① 습기가 없는 곳에 공기압축기를 설치한다.

② 공기압축기 내의 물을 정기적으로 빼낸다.

③ 공기압축기에 쿨러와 에어드라이어를 설치한다.

④ 배관 끝에 오토 드레인을 설치한다.

⑤ 배관의 분기관을 위로 돌려 사용한다.

⑥ 에어필터를 설치한다.

04 샌더의 종류

① **싱글 액션 샌더** : 더블액션샌더에 비해 연마력이 매우 뛰어나며 강판에 발생된 녹을 제거하거나 구도막을 벗겨낼 때 많이 사용한다.

② **더블 액션 샌더** : 중심축을 회전하면서 중심선의 안쪽과 바깥쪽을 넘나드는 형태로서 한번 더 스트록하여 연마하는 샌더이다.

③ **오비탈 샌더** : 일정한 방향으로 궤도를 그리며, 퍼티면의 거친 연마나 프라이머-서페이서 연마로 주로 사용된다.

④ **기어 액션 샌더** : 연마력이 높아 작업속도가 빠른 특징을 가지며, 더블액션샌더의 단점인 약한 연마력을 높여 강하게 누르는 힘에도 회전을 원활하게 한다.

싱글액션 샌더   더블액션 샌더   오비탈 샌더   기어 액션 샌더

05 샌더를 사용하여 연마 시 주의사항

① 샌더를 강하게 밀지 않는다.

② 샌더를 한쪽에서 멈추지 않는다.

③ 용도에 맞는 샌더 페이퍼를 사용한다.

④ 연마면과 평행하게 밀착시킨다.

⑤ 전체를 골고루 연마한다.

06 스프레이건의 종류와 기능

① **중력식** : 도료 용기를 스프레이건의 윗부분에 부착하여 도료가 중력에 의해 송출함.

② **흡상식** : 도료 용기를 스프레이건의 아래쪽에 설치하여 도료가 부압에 의해 송출함.

③ **압송식** : 도료가 가압되어 송출함.

압송식 스프레이

중력식 스프레이

흡상식 스프레이

07 스프레이건의 조절부

① 페인트 스프레이 레귤레이터 : 도료의 토출량을 조절한다.

② 패턴 레귤레이터 : 패턴의 폭, 모양을 조절한다.

③ 에어 갭 : 도료를 미립화 시키고 분사공기를 이용하여 패턴을 조절한다.

④ 에어 플로 레귤레이터 : 스프레이건에 요구되는 공기량을 조절한다.

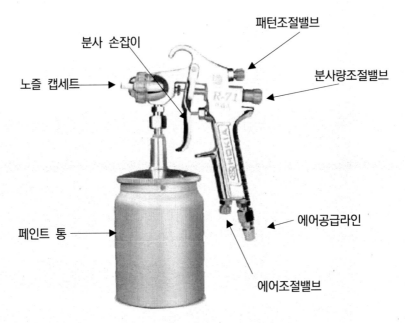

▲ 스프레이건의 각부 명칭

08 에어트랜스포머 설치 위치와 기능

① 설치 위치 : 스프레이건에 가장 가까운 곳에 설치하는 것이 가장 효과적이다.

② 기능
- 압축된 공기 내의 수분, 이물질, 유분, 먼지 등의 제거
- 도장 작업 시 공기압력을 일정하게 유지

▲ 에어트랜스포머의 종류

09 금속표면의 불순물을 제거하는 탈지법

① 용제 탈지
② 알칼리 탈지
③ 에멀전 탈지
④ 전해 탈지

10 보수도장의 마스킹테이프의 구비조건

① 점착력이 우수할 것
② 용제에 녹지 않을 것
③ 건조 후 도료가 벗겨지지 않을 것
④ 붙인 자국이 남지 않을 것

11 퍼티작업 시 주의사항

① 계절에 맞는 퍼티를 사용하고 경화제를 규정량으로 조정한다.
② 기공이 침투하지 않도록 하며 에지부분의 단차가 없도록 한다.
③ 퍼티를 한 번에 두껍게 도포하지 않는다.
④ 연마는 한 쪽 방향으로만 하지 않는다.
⑤ 퍼티에 실버, 시너 및 기타 도료를 혼합하여 사용하지 않는다.
⑥ 퍼티의 밀도를 높이기 위해 초벌 퍼티와 마무리 퍼티로 나누어 작업한다.

12 자동차 보수도장의 전처리 작업 중 화성처리의 장점

① 전기도금에 비하여 가공방법이 간단하고 설비비용이 저렴하다.
② 전류가 필요 없는 화학처리로서 형태에 구애받지 않고 대량 작업이 가능하다.
③ 전처리 온도가 100[℃] 이내에서는 재질에 물리적인 변화를 주지 않는다.
④ 내마모성이 우수하다.
⑤ 피막의 두께를 임의로 설정할 수 있다.

13 점도

액체를 유동시킬 때 나타내는 액체의 흐름 저항을 말하며, 윤활유의 가장 중요한 성질이다.

14 도료의 기능(목적)

① 부식 방지
② 도장에 의한 표시
③ 상품성 향상
④ 외부 오염물에 의한 차체 보호
⑤ 미관 향상

15 도료의 구성요소

주요소(수지, 안료), 부 요소(첨가제), 조 요소(용제)
① **수지** : 도막을 형성하는 주요소
② **안료** : 물이나 용제에 녹지 않고 무채 또는 유채의 분말로 무기 또는 유기 화합물
③ **첨가제** : 도료의 건조를 촉진시키는 건조제, 침전방지제, 유동방지제 등
④ **용제** : 도료에 사용하는 휘발성 액체

16 도장작업에서 수지에 안료를 사용하는 이유 (안료를 도료의 착색제로 사용하는 이유)

① 도막에 색체와 은폐력 부여
② 기계적 강도와 내구성 보강
③ 도료에 유동을 주어 적당한 점도를 갖도록 한다.
④ 화학적으로 안정하여 색이 일광이나 대기 작용에 강하다.
⑤ 도료를 중복 도장할 경우 하 도막의 색이 도막의 유나 용제에 녹아 나오지 않는다.

17 무기안료

무기안료는 광물성 안료라고도 불리며, 내후성, 내약품성이 강하나 색상에는 미흡하다. 무기안료를 만드는 방법으로는 천연광물을 그대로 사용하거나, 가공 및 분쇄하여 만들기도 하며, 아연이나 납, 철, 구리, 크롬, 타이타늄 등의 금속화합물을 원료로 하여 만들기도 한다.

18 조색방법의 종류

① 계량컵에 의한 방법
② 무게비에 의한 방법
③ 비율자에 의한 방법

19 퍼티와 경화제의 비율(주제 : 경화제)

① 여름철 100 : 1
② 봄, 가을철 100 : 2
③ 겨울철 100 : 3

20 육안조색 시 기본원칙(주의사항)

① 일출 및 일몰 직후에는 색상을 비교하지 않는다.
② 사용량이 많은 원색부터 혼합한다.
③ 수광 면적을 동일하게 한다.
④ 소량 씩 섞어가며 작업한다.
⑤ 동일 색상을 장시간 응시하지 않는다.

21 도장에서의 가사 시간(Pot Life)

2액형 도료에서 주제와 경화제를 혼합한 후 정상적인 도장에 사용하는 시간으로 가사 시간을 초과하게 되면 도료가 젤리 상태로 되어 도장을 할 수 없는 상태가 된다. 가사 시간은 도료의 종류와 온도에 따라 달라지며, 일반적으로 우레탄 도료의 경우 가사시간이 8~10시간 정도이다.

22 보수도장의 표준 공정

판금 – 세척 – 퍼티 – 퍼티연마 – 프라이머 서페이스 – 프라이머 서페이스 연마 – 도료 조색 – 상도 도장 – 광택

23 보수도장의 작업순서

차체 표면검사-차체 표면 오염물 제거-구도막 및 녹 제거(전처리)-페더에지(단 낮추기 작업)-퍼티혼합-퍼티 바르기-퍼티연마- 래커퍼티 바르기-래커퍼티 연마 및 전면연마-비 도장부위 마스킹작업-중도 도장-중도 연마-조색작업-상도 도장-투명도료 도장-광내기 및 왁스 바르기

24 가이드 코팅

탑 코트의 점착성을 향상시킬 목적으로 균일한 연마작업을 위해 고형물이 함유된 도료(폐도료)를 사용하여 연마하고자하는 전면을 어두운 색상으로 1차 착색하는 것으로 연마 자국 및 작은 굴곡 등을 메꾸어 매끄럽고 평탄한 표면을 얻는다.

25 보수도장 퍼티 종류

① 판금 퍼티

② 폴리에스테르 퍼티

③ 래커퍼티

④ 기타 퍼티(오일 퍼티, 수지 퍼티, 스프레이어블 퍼티 등)

26 보수도장에서 손상된 면의 관측법

① 육안 확인법 : 태양광, 형광등 등을 이용하여 육안으로 관측하는 방법.

② 감촉 확인법 : 면장갑을 착용하고 도장면을 손바닥으로 감지하는 방법.

③ 눈금자 확인법 : 손상되지 않은 패널에 직선자를 이용하여 굴곡정도를 확인하는 방법

27 보수도장에서 도장 표면에 영향을 주는 요소 (도장 작업 시 양부에 영향을 미치는 요인)

① 공기압력의 적정성 유지($3\sim4[kgf/cm^2]$)

② 스프레이건과 피도물과의 적정 거리 유지($20\sim30[cm]$)

③ 스프레이건의 이동속도($2\sim3[m/s]$)

④ 스프레이건의 패턴 중첩부분(3분의 1정도 중첩)

⑤ 작업장의 온도($20[℃]$) 및 도장 횟수

⑥ 압축공기 중의 수분 함유상태 및 도료의 점도상태

⑦ 연마의 입도와 퍼티 도막의 상태

28 **중도 도료(프라이머 서페이서)의 기능**

① 부식 방지
② 부착 기능
③ 실링 기능
④ 메움 기능

29 **자동차 보수 도장 시 사용되는 프라이머 서페이서의 역할**

① 평활성 제공
② 미세한 단차의 메움
③ 용제의 침투방지 차단성
④ 층간 부착성

30 **프라이머 서페이서의 공정 중 보조공정으로 굴곡 및 움푹 패임을 막는 공정**

메움기능(filling)

31 **페더에지(단 낮추기)**

기존의 구도막과 철판 면과의 경계를 말하며, 경계층을 연마하여 퍼티작업이 가능하도록 하는 것으로서 패널을 보수 도장할 경우, 퍼티나 프라이머 서페이서 등의 도료와 부착력을 증진시켜 주기 위해서, 단위 면적을 넓게 만드는 작업이다.

32 도장작업에서 보디 실링(보디 실러)의 효과

① 부식 방지
② 이음부의 밀봉작용
③ 방수 및 방진
④ 기밀성 유지 및 미관의 향상

33 건조 전과 건조 후의 솔리드와 메탈릭

① 솔리드 : 건조 전 밝음, 건조 후 어두움
② 메탈릭 : 건조 전 어두움, 건조 후 밝음

34 세팅 타임의 필요성

세팅 타임은 예비 건조시간으로 스프레이 도장 직후 용제를 건조시키기 위해 열처리 건조 전에 약 10~20분 정도를 자연 건조하여 시너가 도막 표면에서 자연 증발하는 시간을 부여한다.

35 자동차보수도장의 공정 중 강제건조 과정에서 도막의 건조상태에 영향을 미치는 요인

① 온도 및 가열 시간(건조기 선택)
② 시너의 선택과 세팅 타임
③ 공기 중의 유분, 수분(습도), 이물질
④ 스프레이 부스내의 급배기의 비율과 공기의 흐름

36 지촉건조, 점착건조, 고착건조, 경화건조, 고화건조, 완전건조

① **지촉건조** : 손가락 끝을 도막에 가볍게 대었을 때 점착성은 있으나 도료가 손끝에 묻어나지 않는 상태

② **점착건조**
- 손가락에 의한 방법 : 손가락 끝에 힘을 주지 않고 도막면을 가볍게 좌우로 스칠 때, 손끝자국이 심하게 나타나지 않는 상태
- 솜에 의한 방법 : 탈지면을 약 30[cm] 높이에서 도막면에 떨어뜨린 다음 입으로 불 때 탈지면이 쉽게 떨어져 완전히 제거되는 상태

③ **고착건조** : 도막면의 손끝에 닿는 부분이 약 1.5[cm]가 되도록 가볍게 눌렀을 때 도막면에 지문자국이 남지 않는 상태

④ **경화건조** : 엄지와 인지사이에 시험편을 물리되 도막이 엄지 쪽으로 가게 하여 힘껏 눌렀다가 떼어내어 부드러운 헝겊으로 가볍게 문질렀을 때 도막에 지문자국이 없는 상태

⑤ **고화건조** : 도막면에 팔이 수직이 되도록 하여 엄지손가락으로 누르면서 90도 각도로 비틀어 볼 때 도막이 늘어나거나 주름이 생기지 않고 다른 이상이 없는 상태

⑥ **완전건조** : 도막을 손톱이나 칼끝으로 긁었을 때 흠이 잘 나지 않고 힘이 든다고 느끼는 상태

37 도료에 의한 도장 불량

① **흘림** : 도료 또는 도료 조건에 원인
② **변퇴색** : 도료가 날씨에 견디는 성질이 나쁨
③ **초킹** : 도료가 날씨에 견디는 성질이 나쁨

38 도장작업의 겔화현상

도료의 점도가 높아 유동성을 잃어가는 현상으로 고체화 상태가 된다.

39 도장 건조 불량원인

① 도막이 너무 두껍다.
② 저온, 고 습도에서 통풍이 나쁘다.
③ 올바른 시너를 사용하지 않았다.
④ 도료가 오래되어 도료 중의 드라이어가 작용하지 않았다.

40 도막 결함의 종류

① 오렌지필(orange-peel)
② 부풀음(brister)
③ 백화(blusshing)
④ 뭉침(cratering)
⑤ 핀홀(pin-hole)
⑥ 흐름(sagging)

41 오렌지 필 현상과 발생원인

① 현상 : 건조된 도막이 귤껍질같이 나타나는 현상
② 발생원인
  • 도료 점도가 너무 높을 때
  • 시너 건조가 너무 빠를 때

- 건조 도막의 두께가 너무 두꺼울 때
- 표면 온도가 너무 높을 때
- 분무 시 미립화가 잘 안될 때
- 스프레이건의 공급 페인트양이 적을 때

42 백악화 현상 원인

① 안료에 비해 수지분이 적을 때
② 자외선에 약한 안료의 사용
③ 동절기보다 하절기에 많이 발생
④ 평활하지 않은 도면에 수분, 먼지 등의 흡수에 의한 도막붕괴

43 백화현상과 방지책

① 현상 : 도막면이 하얗게 되면서 광택이 나지 않는 현상
② 원인
- 기온과 습도가 높을 때
- 휘발성이 빠른 시너를 사용할 때
- 도장면의 온도가 낮을 때
- 스프레이건의 공기압이 너무 높을 때
③ 방지책
- 도장 중지
- 규정시너 사용

44 부풀음(brister)의 원인

① 도장면의 불순물 제거가 미흡한 경우
② 압축공기 속에 오일 또는 수분이 유입된 경우
③ 습기가 많은 날 작업을 하는 경우
④ 연마 후 건조가 불충분한 경우
⑤ 너무 두껍게 도색을 한 경우

45 스프레이 패턴이 한쪽으로 쏠리는 원인

① 에어노즐의 막힘
② 에어노즐의 조임 불량
③ 에어노즐과 도료에 불순물 유입 시
④ 스프레이건과 피도물 사이가 직각이 아닐 때
⑤ 스프레이건을 수평으로 이동하지 않았을 때

46 스프레이 부스의 역할

① 도장 시 발생하는 도료의 분진, 먼지 등을 필터링하여 외부로 방출한다.
② 도장 작업 면에 먼지, 이물질 등이 묻지 않도록 청결한 작업 환경을 제공하여 도장의 품질을 향상시킨다.
③ 2액형 도료를 열처리하여 단단한 도막이 형성되도록 한다.

47 폴리싱 작업 시 주의사항

① 강하게 압박하지 않는다.

② 폴리싱을 하면서 한곳에서 멈추지 않는다.

③ 전체를 균일하게 접촉시킨다.

④ 도장 면에 접촉시킨 상태에서 스위치를 작동시키지 않는다.

⑤ 프레스 라인이나 코너 작업 시 주의한다.

⑥ 도막이 완전히 건조되기 전에 작업한다.

48 광택 전동 폴리셔의 사용 회전속도

1,000~2,000[rpm]

자동차정비 기능장
필답형

PART VII

안전과 환경

안전과 환경 파트에서는 자동차 및 정비 현장과 정비를 위한 각종 장비와 위험물질의 안전관리에 대해 소개한다.

안전과 환경

01 정비에 필요한 물품 중 유류, 윤활유, 오일 등의 보관을 위한 창고를 설치하고자 할 때의 안전대책 사항

① 사용량 및 보관 용량에 따른 면적 확보 및 식별 카드를 부착할 것

② 화재 안전대책 및 보관 종류에 따른 적정 소화기 및 방화사를 비치할 것

③ 작업 동선을 고려한 창고의 위치 선정

④ 유통기간 및 사용량을 고려한 적정 재고량 유지

⑤ 유류, 윤활유 및 오일 등의 보관 온도, 누출 예방 및 누출에 따른 처리 방법 등 환경 영향 대책을 강구할 것

⑥ 직사광선이 직접 닿지 않도록 하며, 환기시설을 갖출 것

02 자동차 증가 시 지구환경에 미치는 영향

① CO_2 증가로 지구 온난화 현상 발생

② 대기 오존층 파괴

③ 이상 기후 현상

03 자동차의 대기오염이 인체에 미치는 영향

① CO : 중독, 두통, 구토
② HC : 호흡기 질환
③ NOx : 눈, 호흡기 계통 자극
④ 납 산화물 : 소화기 계통, 근육 신경 장애
⑤ PM : 기관지, 폐, 호흡기 질환

04 화재발생 시 진압을 위한 소화 원리

① 질식 소화
② 제거 소화
③ 냉각 소화

05 작업효율 및 작업시간 단축을 위한 준비사항

① 작업에 필요한 수공구, 장비 및 계측장비를 준비한다.
② 작업에 필요한 부품 및 재료를 준비한다.
③ 정리정돈 된 작업장을 유지한다.
④ 안전에 필요한 보호구 및 안전장비를 착용한다.
⑤ 정확한 진단을 통하여 작업예상시간을 예측하고 완료시간을 계획한다.
⑥ 숙련된 작업자에 의해 작업을 준비한다.

06 정비작업에 있어 작업자가 지켜야 할 사항

① 작업장 안전수칙을 준수한다.
② 작업 전 주변 정리정돈을 철저히 한다.

③ 작업 전 차량의 보호구(시트커버, 핸들커버, 펜더커버 등)을 부착한다.

④ 정비할 차량에 맞는 제작사의 정비 매뉴얼에 따른 작업을 한다.

⑤ 전기계통 작업 시 배터리 (-)단자를 탈거한 후에 작업한다.

⑥ 교환 부품이나 파손된 부품의 교환 시 제작사의 순정부품을 사용한다.

⑦ 각종 볼트 및 너트의 체결 시 규정 토크로 체결한다.

⑧ 특수 작업을 하는 경우 지정된 특수공구를 사용한다.

⑨ 브레이크 관련 정비 시 브레이크액이 차체 및 장비에 묻지 않도록 주의하며 묻었을 경우에는 즉시 닦아낸다.

⑩ 에어컨 관련 정비 시 냉동유가 차체 및 장비에 묻지 않도록 주의하고 묻었을 경우 즉시 닦아낸다.

07 정비 작업 시 재사용하지 않고 신품으로 교체하는 부품

① 엔진오일, 냉각수, 브레이크액 등의 액체류

② 개스킷, 오일 실, 오링, 리테이너

③ 동와셔, 록크와셔, 분할핀, 플라스틱 너트, 실린더 헤드 볼트 등

08 엔진종합시험기 사용 시 안전수칙

① 자동차의 팬, 구동벨트에 손이나 머리, 시험기 배선 등이 닿지 않도록 한다.

② 라디에이터, 배기 매니폴더, 배기 파이프 및 촉매 컨버터 등 고온이 발생되는 장치에 의한 화상을 주의한다.

③ 점화장치 점검 시 고전압에 의한 감전의 우려가 있으므로 절연공구를 사용한다.

④ 시험기 사용 시 자동차는 안전말목과 주차브레이크를 작동시킨다.

⑤ 촉매 컨버터의 손상 방지를 위해 스톨테스트 및 파워 밸런스 시험 등의 시간을 최단 시간으로 하여 테스트한다.

09 휠 밸런스 취급 시 주의사항

① 작업 전 보안경을 착용한다.

② 휠을 회전시키기 전에 타이어에 묻은 이물질을 제거한다.

③ 휠을 회전시키기 전에 안전 커버를 내린다.

④ 휠이 회전하는 동안 신체, 옷, 공구 등이 접촉되지 않도록 한다.

⑤ 휠이 완전히 정지된 상태에서 안전 커버를 올린다.

10 고전압 배터리 시스템 화재 시 주의사항

① 화재 초기일 경우 안전 스위치를 신속하게 OFF한다.

② 실내에서 화재가 발생한 경우 수소가스의 방출을 위하여 환기를 시킨다.

③ 화재 진압 시 물 등의 액체물질을 사용하지 않도록 한다. 반드시 ABC소화기를 사용하여 진압한다.

11 하이브리드 자동차에서 고전압 시스템 점검 시 주의사항

① 취급 기술자는 고전압 시스템에 대한 검사와 서비스 교육이 선행 되어야 한다.

② 안전 스위치 OFF 후 5분 이상 경과한 이후에 작업을 해야 한다.

③ 절연장갑을 착용하고 차량 고전압 차단을 위해 안전스위치를 OFF해야 한다.

④ 모든 고전압을 취급하는 단품에는 고전압이라는 라벨이 붙어 있으므로 취급에 주의한다.

⑤ 고전압 케이블(오렌지색) 금속부 작업 시 반드시 0.1V 이하인지 확인한다.

12 하이브리드 자동차에서 고전압 시스템 정비 시 주의사항

① 시동 키 ON 또는 시동 상태에서 절대로 작업하지 않는다.

② 고압케이블(주황색)을 손으로 만지거나 임의로 탈거하지 않는다.

③ 정비를 위해 엔진룸을 고압으로 세차하지 않는다.

13 수소 저장 및 공급시스템 점검 시 주의사항

① 부품을 제거하기 전에 모든 작업장 및 주변 지역을 청소한다.

② 보풀이 없는 천만 사용한다.

③ 깨끗한 부품만 사용한다.

④ 수리 작업을 바로 수행할 수 없는 경우 개봉된 부품에 커버를 씌우거나 테이프로 밀봉한다.

14 연료전지 자동차 점검 시 안전사항

① 개인 보호 장비(절연장갑, 보호 안경)를 착용한다.

② 단락을 일으킬 수 있는 금속물체(시계, 반지 등)의 착용을 금지한다.

③ 절연 공구를 사용한다.

④ 보호 장비를 착용하기 전에 찢어지거나 깨지지 않았는지 또는 습기가 있는지 확인한다.

▌ 국제단위 SI단위계(Le Systeme international d'unites)

기본량	SI 기본 단위		유도량	SI 유도 단위 일부	
	명칭	기호		명칭	기호
길이	미터	m	넓이	제곱미터	m^2
질량	킬로그램	kg	부피	세제곱미터	m^3
시간	초	s	속도	미터매초	m/s
전류	암페어	A	가속도	미터매초제곱	m/s^2
열역학적 온도	켈빈	K	밀도	킬로그램세제곱미터	kg/m^3
물질량	몰	mol	모멘트	뉴턴매미터	N.m
광도	칸델라	cd	무게	뉴턴	N

▌ 1을 기준으로 한 주요 사용 단위의 환산

단위	10^{-12}	10^{-9}	10^{-6}	10^{-3}	10^{-2}	1	10^2	10^3	10^6	10^9
길이	pm	nm	μm	mm	cm	m		km		
질량				mg		g		kg		
시간	ps	ns	μs	ms		s				
압력				mPa		Pa	hPa	KPa	MPa	
면적				mm^2	cm^2	m^2				
부피				mm^3	cm^3	m^3				
전력				mW		W		kW		
전압			μV	mV		V		kV		
전류			μA	mA		A		km		
저항				mΩ		Ω		kΩ	MΩ	
데이터						B		KB	MB	GB

압력 단위의 환산

압력	Pa	atm	bar	psi	mmHg	kgf/cm²
Pa	1	0.8692×10^{-5}	10^{-5}	145.04×10^{-6}	7.5006×10^{-3}	1.020×10^{-5}
atm	101.325	1	1.01325	14.696	760	1.03323
bar	100,000	0.98692	1	14.504	750.06	1.01972
psi	6,894.76	68.046×10^{-3}	68.948×10^{-3}	1	51.715	7.031×10^{-2}
mmHg	133.322	1.3158×10^{-3}	1.3332×10^{-3}	14.696	1	1.360×10^{-3}
kgf/cm²	9.807×10^{4}	0.96784	0.980665	14.2233	735.559	1

열량 단위의 환산

열량	J	kgf·m	kcal	ps·h	W·h
J	1	0.102	2.39×10^{-4}	3.7767×10^{-7}	2.778×10^{-4}
kgf·m	9.80665	1	2.34×10^{-3}	3.7037×10^{-6}	2.724×10^{-3}
kcal	4.187×10^{3}	426.9	1	1.581×10^{-3}	1.163
ps·h	2.6478×10^{6}	2.7×10^{5}	632.4	1	735.5
W·h	3.6×10^{3}	367.10	0.860	1.3596×10^{-3}	1

전기·자기 단위

양	기 호	단 위	양	기 호	단 위
전압	E	V(볼트)	주파수	f	Hz(헤르츠)
전류	I	A(암페어)	커패시턴스	C	F(패럿)
저항	R	Ω(옴)	전하	Q	C(쿨롱)
시간	t	s(초)	인덕턴스	L	H(헨리)
전력	P	W(와트)	임피던스	Z	Ω(옴)
에너지	W	J(주울)	리액턴스	X	Ω(옴)

일·일량과 열량의 관계

▶ $1W=1N\cdot m/s=1J/s=\dfrac{1kg\times 1m/s^2\times 1m}{1s}=1\dfrac{kg\times m^2}{s^3}$

▶ $1J=1N\cdot m=1kg\times 1m/s^2\times 1m=1kg\cdot m^2/s^2$

▶ $1N\cdot m=0.102kgf\cdot m=2.39\times 10^{-4}kcal=3.7767\times 10^{-7}ps\cdot h=2.778\times 10^{-4}Wh$

▶ $1PS=75kgf\cdot m/s=0.735kW=0.175kcal/s$

마력·동력·토크

▶ 동력=일/시간=힘×거리/시간=힘×속도

▶ HP(Horse Power)와 PS(Pferdestärke) 영국식(파운드)마력과 미터 마력

1HP=1.014PS

1PS=75kgf·m/s=735.5W=0.986HP

▶ 1kgf·m=9.8N·m

▶ 1N·m=0.102kgf·m

그리스 문자와 주요 사용 문자

대문자	소문자	이름	발음	비고
A	α	Alpha	알파	각도, 증폭률
B	β	Beta	베타	각도
Γ	γ	Gamma	감마	
Δ	δ	Delta	델타	변화량
E	ε	Epsilon	엡실론	압축비
Z	ζ	Zeta	제타	
H	η	Eta	이타	효율
Θ	θ	Theta	쎄타	각도
I	ι	Iota	요타	
K	κ	Kappa	카파	비열비
Λ	λ	Lambda	람다	공연비
M	μ	Mu	뮤	마찰계수
N	ν	Nu	뉴	
Ξ	ξ	Xi	크사이	
O	o	Omikron	오미크론	
Π	π	Pi	파이	원주율
P	ρ	Rho	로	고유저항, 밀도, 압력비
Σ	σ	Sigma	시그마	총합, 체적비, 응력
T	τ	Tau	타우	응력
Υ	υ	Upsilon	업실론	
Φ	φ	Phi	파이	자속, 수축률
X	x	Chi	카이	
Ψ	ψ	Psi	프사이	연신율
Ω	ω	Omega	오메가	저항

▌저자약력

박 태 화 충북보건과학대학교 미래자동차과 교수

기　　호 바론기술 대표

패스
자동차정비기능장 필답형

초 판 발 행 ▌ 2021년 7월   5일
제1판4쇄발행 ▌ 2025년 1월 10일

지 은 이 ▌ 박태화 · 기 호
발 행 인 ▌ 김 길 현
발 행 처 ▌ (주) 골든벨
등　　록 ▌ 제 1987－000018호　　ⓒ 2021 GoldenBell Corp.
I S B N ▌ 979－11－5806－496－9
가　　격 ▌ 25,000원

이 책을 만든 사람들

본 문 디 자 인 ▌ 김현하	편 집 및 디 자 인 ▌ 조경미, 박은경, 권정숙
제 작 진 행 ▌ 최병석	웹 매 니 지 먼 트 ▌ 안재명, 서수진, 김경희
오 프 마 케 팅 ▌ 우병춘, 이대권, 이강연	공 급 관 리 ▌ 오민석, 정복순, 김봉식
회 계 관 리 ▌ 김경아	

㉾04316 서울특별시 용산구 원효로 245(원효로1가 53-1) 골든벨 빌딩 5~6F
● TEL : 도서 주문 및 발송 02-713-4135 / 회계 경리 02-713-4137
　　　　내용 관련 문의 070-8854-3656 / 해외 오퍼 및 광고 02-713-7453
● FAX : 02-718-5510　　● http : // www.gbbook.co.kr　　● E-mail : 7134135@ naver.com